电子信息科学与工程类专业系列教材

数字图像处理与 MATLAB 实现

田 丹 主编

关迪元 赵 凯 霍 焱 副主编

电子工业出版社

Publishing House of Electronics Industry

北京·BEIJING

内 容 简 介

本书是依据编者多年从事数字图像处理教学和科研工作的研究成果与心得体会，并参考相关文献编写而成的。本书注重数字图像处理理论与应用的紧密结合，在阐述基本理论的基础上，以强调实践应用为特色，基于 MATLAB 工程软件介绍了大量图像处理基本方法的实现实例。全书共 8 章，分别为概述、数字图像处理基础、图像变换、MATLAB 图像处理工具箱、图像增强、图像复原、图像压缩与编码、数字图像处理的工程应用。本书第 1～7 章配有课程思政案例设计和精心设计的练习题，可以帮助读者巩固所学知识。

本书可作为普通高等院校自动化、通信工程、电子信息工程、计算机科学与技术、生物医学工程、应用数学等相关专业的本科生及研究生教材，也可供从事人工智能、模式识别等领域研究工作的工程技术人员和研究人员参考。

图书在版编目（CIP）数据

数字图像处理与 MATLAB 实现 / 田丹主编． —北京：电子工业出版社，2022.3

ISBN 978-7-121-43052-7

Ⅰ．①数… Ⅱ．①田… Ⅲ．①Matlab 软件－应用－数字图像处理－高等学校－教材 Ⅳ．①TN911.73

中国版本图书馆 CIP 数据核字（2022）第 037881 号

责任编辑：刘　瑀　　　　特约编辑：田学清
印　　刷：北京雁林吉兆印刷有限公司
装　　订：北京雁林吉兆印刷有限公司
出版发行：电子工业出版社
　　　　　北京市海淀区万寿路 173 信箱　　　邮编：100036
开　　本：787×1092　　1/16　　印张：15　　字数：337 千字
版　　次：2022 年 3 月第 1 版
印　　次：2023 年 8 月第 3 次印刷
定　　价：49.00 元

凡所购买电子工业出版社图书有缺损问题，请向购买书店调换。若书店售缺，请与本社发行部联系，联系及邮购电话：（010）88254888，88258888。

质量投诉请发邮件至 zlts@phei.com.cn，盗版侵权举报请发邮件至 dbqq@phei.com.cn。

本书咨询联系方式：liuy01@phei.com.cn。

前　言

本书系统地讲述了数字图像处理的主干理论内容，包括数字图像表示、图像变换、图像增强、图像复原、图像压缩与编码等。基本理论部分要点突出、内容简洁、图文并茂。为加强读者对理论知识的认识和对实际应用问题的解决能力，书中提供了大量数字图像处理基本算法的 MATLAB 实现实例。另外，还引入了数字图像处理的工程应用实例。

本书从课程的实用性、前沿性和方便读者学习等多角度出发，具有以下特点。

（1）注重实用性。本书在阐述基本理论的基础上，以强调实践应用为特色，介绍了 MATLAB 图像处理工具箱和大量数字图像处理基本方法的 MATLAB 实现实例，并配有算法特点和功能分析。

（2）注重前沿性。本书内容紧跟数字图像处理领域的发展趋势，引入了一些新技术、新理论（如深度学习）在数字图像处理中的工程应用实例。同时，本书配有课程思政案例设计。

（3）方便读者学习。本书第 1～7 章附有练习题，可以帮助读者巩固知识点。另外，为方便教师教学和学生自学，本书还配有电子课件，且电子课件配备图片、动画和视频等多种媒体素材，既能体现书中的精华，又能丰富教学内容。本书配套资源可在华信教育资源网（www.hxedu.com.cn）免费下载。

本书第 1、5、8 章由田丹编写，第 2、4 章由关迪元编写，第 3 章由霍焱编写，第 6、7 章由赵凯编写。全书由田丹统稿。本书的文字校对和课件制作得到了臧守雨、陈钰坤等研究生的帮助。此外，书中还引用了大量书籍和论文资料，在此对文献作者深表感谢。

由于编者水平有限，书中难免有不妥之处，敬请读者谅解并批评指正。编者电子邮箱为 www.sltd2008@163.com。

编者

目　　录

第1章 概　述

数字图像处理是信息科学、工程科学、计算机科学、生物科学、地球科学等学科的热点研究问题。本章主要介绍数字图像处理的基本概念、研究任务、应用领域及数字图像处理系统的组成，讨论图像处理、图像分析、计算机视觉 3 个相关研究领域在研究对象和研究内容上的关联性与差异性。

本章要点

- 数字图像、像素。
- 数字图像处理的任务。
- 图像处理、图像分析和计算机视觉的区别与联系。
- 典型的数字图像处理系统。
- 数字图像处理的应用领域。

1.1 数字图像和数字图像处理

1.1.1 数字图像的定义

图像泛指视觉景物的某种形式的表示和记录。例如，显示在照片、传真、复印图、电视、计算机等介质上的具有视觉效果的画面均可称为图像。图像根据记录方式的不同，可分为模拟图像和数字图像。模拟图像可以通过某种物理量（如光、电等）的强弱变化来记录图像亮度信息；而数字图像则通过计算机存储的数据来记录图像上各点的亮度信息。

数字图像的基本单位是像素（Pixel）。像素是在模拟图像数字化处理时，对连续空间进行离散化得到的。每个像素具有整数行和整数列的位置坐标，即数字图像以二维矩阵的形式存储于计算机中。每个像素上的值代表图像在该位置的亮度，即色彩的深浅程度。常见的数字图像类型有二值图像、灰度图像、索引图像、彩色图像和多帧图像等。对于二值图像，像素值仅由 0、1 两个值构成，0 表示黑色，1 表示白色。对于灰度图像，像素值又称为灰度值，范围是[0,255]区间的整数。其中，0 表示最低亮度（纯黑色），255 表示最高亮度（纯白色），中间的数字从小到大表示由黑到白的过渡色。对于索引图像，像素值由一个存放灰度值的二维矩阵和一个名为颜色索引矩阵（MAP）的二维数组共同决定。MAP 的每行都由 3 个元素组成，分别指定该行对应颜色的红（R）、绿（G）、蓝（B）单色值。图像在屏幕上显示时，每一像素的颜色由该像素的灰度值作为索引，通过检索 MAP 得到。MAP 的大小由存放灰度值的矩阵元素值域决定，如果矩阵元素值域为[0,255]，则 MAP 的大小为 256×3，用 MAP=[R,G,B]表示。对于彩色图像，分别用红、绿、蓝三基色的组合表示每个像素的颜色，即由 R、G、B 3 个分量来表示，每个分量的取值是[0,255]区间的整数。与索引图像不同的是，彩色图像的每个像素的颜色值直接存放在图像矩阵中。

【例 1.1】显示一幅彩色图像及其三基色分量图像。

【实例分析】图 1.1（a）是彩色图像，图 1.1（b）是提取的红色分量图像，图 1.1（c）是提取的绿色分量图像，图 1.1（d）是提取的蓝色分量图像。由图 1.1 可见，彩色图像的红色分量、绿色分量和蓝色分量图像均为灰度图像。

源代码：

```
original_image=imread('peper.tiff');
subplot(1,4,1);
imshow(original_image);
image_r= original_image(:,:,1);
image_g= original_image(:,:,2);
image_b= original_image(:,:,3);
subplot(142)
imshow(image_r);
subplot(143)
imshow(image_g);
subplot(144)
imshow(image_b);
```

（a）彩色图像　　　　　（b）红色分量图像　　　　　（c）绿色分量图像　　　　　（d）蓝色分量图像

图 1.1　一幅彩色图像及其三基色分量图像

图像信息的数学描述方式取决于图像的类型。灰度图像可以用如下函数形式表示：

$$I = f(x, y) \tag{1-1}$$

式中，(x, y) 表示像素的空间坐标，I 表示像素的灰度值。

彩色图像的函数形式可以表示为

$$I = \left\{ f_\mathrm{R}(x,y), f_\mathrm{G}(x,y), f_\mathrm{B}(x,y) \right\} \tag{1-2}$$

式中，$f_\mathrm{R}(x,y)$，$f_\mathrm{G}(x,y)$，$f_\mathrm{B}(x,y)$ 分别表示像素的红色分量、绿色分量、蓝色分量。

【例1.2】提取图像子块并显示其数据形式。

【实例分析】图1.2（a）是灰度图像，图1.2（b）是提取的9×9图像子块，图1.2（c）是该子块在计算机中存储的数据形式。由图1.2可见，数字图像被表示为具有离散值的二维矩阵，矩阵中各元素对应各像素点的像素值。

源代码：

```
original_image=imread('peper.tiff');
image_g=original_image(:,:,2);
img = image_g;
figure;
imshow(img);
px = 100;
py = 150;
step = 4;
x1 = px − step;
x2 = px + step;
y1 = py − step;
y2 = py + step;
hold on;
rectx = [x1 x2 x2 x1 x1];
recty = [y1 y1 y2 y2 y1];
plot(rectx, recty, 'linewidth',2);
hold off;
im = img (y1:y2,x1:x2,:);
figure
imshow(im)
```

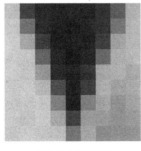

181	53	28	24	27	21	35	80	158
192	108	33	25	21	29	37	109	166
200	164	53	25	25	22	49	153	167
195	195	98	32	20	29	96	166	170
199	194	156	41	31	47	162	169	156
195	197	184	80	36	62	171	157	163
195	198	199	132	38	130	166	146	159
196	193	202	173	74	158	155	146	152
195	202	197	193	119	168	140	144	145

（a）灰度图像　　　　　（b）9×9图像子块　　　　　（c）9×9子块像素值

图1.2　灰度图像及其子块像素值

1.1.2 数字图像处理的任务

数字图像处理是指利用计算机对图像的数据信息进行加工处理的过程，以满足人们对视觉效果和实际应用的需求。数字图像处理的主要任务体现在以下 3 方面。

（1）提高图像的视觉质量以提供人眼主观满意的效果。例如，对图像进行亮度变换、彩色变换、几何变换等，从而增强或抑制某些特定成分，改善图像质量。

（2）提取图像中包含的某些特征或特殊信息，为后续图像分析提供便利。提取的特征可以包括很多方面，如频域特征、灰度或颜色特征、边界特征、区域特征、纹理特征、拓扑特征等。

（3）对图像数据进行变换、编码和压缩，以便于图像和视频信息的存储与传输。

1.2 图像处理、图像分析和计算机视觉

图像处理、图像分析和计算机视觉是彼此紧密关联的学科。由于领域本身的特点，这些学科互有差别，但又有某种程度的相互重叠。从研究对象角度看，图像处理和图像分析的研究对象主要是二维图像，实现图像的转化，研究内容和图像的具体内容无关；而计算机视觉的研究对象主要是映射到单幅或多幅图像上的三维场景，其研究在很大程度上面向图像内容。从输入、输出角度看，图像处理输入的是图像，输出的也是图像；图像分析输入的是图像，输出的是可描述性数据；计算机视觉输入的是图像或图像序列，输出的是对图像或图像序列的理解。

1.2.1 图像处理

图像作为人类感知世界的视觉基础，是人类获取信息、表达信息和传递信息的重要手段。图像处理一般指数字图像处理，也称为计算机图像处理，侧重于信号处理方面的研究。图像处理主要包括以下几方面研究内容。

1. 图像增强

图像增强是一个主观的处理过程，针对给定图像的应用场合，有目的地强调图像的整体或局部特性，将原来不清晰的图像变得清晰。图像增强也可以理解为强调某些感兴趣的特征，抑制不感兴趣的特征，扩大图像中不同物体特征之间的差别，从而改善图像质量、丰富图像信息、加强图像的判读和识别效果，满足某些特殊分析的需要。

图像增强技术的应用十分广泛。例如，在农业领域中，通过遥感图像增强可帮助了解农作物的分布情况；在交通领域中，通过大雾天气图像增强可加强车牌、路标等重要信息的识别；在医学领域中，通过人体 X 射线图像增强可帮助确定病症的位置；在安检领域中，通过指纹、虹膜、掌纹、人脸等生物特征增强可保证检测准确率。图 1.3 给出了图像增

强技术的应用实例。

（a）指纹图像　　　　　　　　　（b）增强后的图像

图 1.3　图像增强技术的应用实例

2. 图像复原

图像复原是一个客观的处理过程，针对质量降低或失真的图像，利用退化现象的某种先验知识建立数学模型，再根据模型进行反向的推演运算，以恢复已被退化图像的本来面目。因而，图像复原可以理解为图像降质过程的反向过程。图像复原的典型操作有图像去噪、去模糊等。图 1.4 给出了图像复原技术的应用实例。

（a）模糊图像　　　　　　　　　（b）复原后的图像

图 1.4　图像复原技术的应用实例

3. 图像编码

图像编码又称为图像压缩，是指在满足一定质量（信噪比或主观评价）的条件下，以较少的比特数表示图像或图像中所包含的信息的技术。图像编码的目的是减少数据存储量、降低数据率以减少传输带宽、压缩信息量、便于特征抽取、为后续识别工作提供便利。现代编码方法的特点是充分考虑人的视觉特征、恰当地考虑对图像信号的分解与表述、采用图像的合成与识别方案压缩数据率。

图像处理技术可以帮助人们更客观、准确地认识世界。它的各项研究内容是互相联系的。一个实用的数字图像处理系统往往结合应用多种图像处理技术以得到所需的结果。

1.2.2 图像分析

图像分析主要是对图像中感兴趣的目标进行检测和测量，以获得它们的客观信息，从而建立对图像的描述。图像分析侧重于研究图像的内容，更倾向于对图像内容的分析、解释和识别。与图像处理相比，图像分析是从图像中抽取某些有用的度量、数据或信息，而不是产生另一幅图像。图像分析主要包括以下几方面的研究内容。

1. 图像分割

图像分割就是把图像分成若干特定的、具有独特性质的区域，并提取出感兴趣目标的技术和过程。具体而言，图像分割是指将图像分成若干互不重叠的子区域，同一子区域内的特征具有一定的相似性，不同子区域的特征呈现较为明显的差异性。一般可以把分割看成是一个决策过程，传统的分割算法有像素分割法和区域分割法两类。像素分割法利用阈值方法对各个像素进行分类。区域分割法利用纹理、灰度、对比度等特征检测出边界、线条等信息，并利用区域生长、合并、分解等技术确定图像的各个组成区域。

图像分割技术在现实生活中得到了广泛的应用。例如，在医学领域，用于三维重建、手术模拟、组织体积测量等；在航天航空领域，用于分割合成孔径雷达图像中的目标、提取遥感云图中的不同云系等。图 1.5 给出了图像分割技术的应用实例。

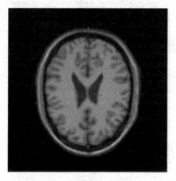 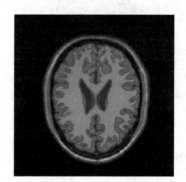

（a）颅脑 MRI 图像　　　　　　　　　　　　（b）分割后的图像

图 1.5　图像分割技术的应用实例

2. 图像识别

图像识别是利用计算机对图像进行处理、分析和理解，以识别各种不同模式的目标和对象的技术。图像识别问题的数学本质是模式空间到类别空间的映射问题，主要有 3 种实现方法，即统计模式识别、结构模式识别和模糊模式识别。在识别过程中，可以根据形状和灰度信息，用决策理论和结构方法进行分类识别；也可以构造一系列已知物体的图像模型，通过匹配和比较要识别的对象与各个图像模型进行分类识别。

图像识别技术的应用范围十分广泛，典型的应用有人脸识别和商品识别。人脸识别主要应用在安全检查、身份核验与移动支付中；商品识别主要应用在商品流通过程中，特别是无人货架、智能零售柜等无人零售领域。图 1.6 给出了图像识别技术的应用实例——人脸识别。

图 1.6　人脸识别

3. 特征分析

图像特征指的是图像的原始特征或属性，包括自然特征和人为特征。自然特征能够通过视觉直接感受到，如边缘、纹理和色彩等。而人为特征则需要通过变换或测量得到，如频谱、直方图等。

特征分析是图像分析领域的一个重要分支，其中，对纹理特征和形状特征的分析尤为重要。纹理特征分析旨在对纹理进行定量或定性描述，常用的分析方法有统计法和结构法。统计法适用于分析不规则的图像，如木纹、森林、山脉、草地的纹理；而结构法则适于分析基元排列较规则的图像，如印刷图案或砖花样的纹理。形状特征可由目标的几何属性、统计属性和拓扑属性描述。几何属性包括长度、面积和距离等，统计属性包括投影等，拓扑属性包括连通、欧拉数等。形状特征分析的研究内容主要包括形状表达与描述、形状分类等。

1.2.3　计算机视觉

计算机视觉是指利用摄像机和计算机模拟生物视觉，对图像信息进行组织，对物体和场景进行识别、跟踪与测量，进而对图像内容给予解释。计算机视觉的本质就是研究视觉感知问题，主要包括以下几方面研究内容。

1. 目标跟踪

目标跟踪是指对图像序列中的运动目标进行检测、提取、识别和跟踪，获得运动目标的运动参数，如位置、速度、加速度和运动轨迹。该技术被广泛应用于军事制导、人机交互、安防监控、智能交通等领域。另外，精确实时的目标跟踪还能为基于视觉的行为理解、语义分析、视觉检索和推理决策等处理奠定良好的基础，是实现高级人工智能的前提条件。目前，在理论研究和工程应用中已取得了很多有价值的目标跟踪研究成果。但随着应用范围的逐渐扩展，目标跟踪经常会面临目标外观变化（旋转、尺度变化、非刚性形变）和复杂环境干扰（遮挡、强噪声、光照骤变）等问题，这将严重影响跟踪的精确性和稳定性，导致目标跟踪漂移。因此，改善复杂场景环境下目标跟踪的精确性、鲁棒性和实时性，满足工程实践应用需求已成为其应用中需要重点解决的技术难题，具有重要的研究意义和现实意义。图 1.7 给出了目标跟踪技术的应用实例。

图 1.7　目标跟踪技术的应用实例

2. 目标检测

目标检测的任务是找出图像中所有感兴趣的目标（物体），确定它们的类别和位置。目标检测给出的是对图像前景和背景的理解，需要从背景中分离出感兴趣的目标，并确定这一目标的描述（类别和位置）。因此，检测模型的输出是一个列表，列表的每一项使用一个数组给出检测出的目标的类别和位置。由于各类物体有不同的外观、形状和姿态，加上成像时光照变化、复杂遮挡等因素的干扰，目标检测一直是计算机视觉领域具有挑战性的问题。目标检测的应用领域主要有人脸检测、行人检测、车辆检测和遥感检测等。图 1.8 给出了目标检测技术的应用实例。

图 1.8　目标检测技术的应用实例

另外，计算机视觉领域的研究内容还包括场景重建、运动分析、广义匹配、场景解释等。作为一门科学学科，计算机视觉研究的相关理论和技术试图建立能够从图像或多维数据中获取信息的人工智能系统。这里所指的信息是可以帮助人们做决策的信息。因为感知可以看成是从感官信号中提取信息，所以计算机视觉也可以看成是研究如何使人工智能系统从图像或多维数据中感知的科学。

1.2.4　典型的计算处理

图像处理、图像分析和计算机视觉彼此间紧密关联，并没有明确的划分界线。然而，在这个连续的统一体中，可以分别将它们广义地归属为 3 种典型的计算处理，即低级处理、中级处理和高级处理。

1. 低级处理

低级处理涉及初级操作，处理内容主要包括：①对图像进行加工以改善视觉效果；②突出有用信息，为自动识别做准备；③通过编码减小存储空间、缩短传输时间，并降低传输带宽的要求。低级处理的实例有去噪、锐化和对比度增强等。可见，低级处理隶属于图像处理范畴，其特点是输入、输出均为图像，即实现图像之间的变换。

2. 中级处理

中级处理的处理内容主要包括：①将图像分割为不同区域；②对图像中感兴趣的目标进行检测；③对不同目标进行分类或识别。中级处理的目的是获得目标的客观信息，从而建立对图像的描述。可见，中级处理隶属于图像分析范畴，其特点是输入为图像；输出是从图像中提取的特征数据，如边缘、轮廓或不同物体的标识等。

3. 高级处理

高级处理在中级处理的基础上进一步研究图像中各目标的性质和它们之间的相互联系，得出被识别物体的总体理解及对客观场景的解释，从而指导和规划行动。可见，高级处理隶属于计算机视觉范畴，其特点是模拟人类视觉进行理解和推理，并根据视觉输入信息采取行动。

1.3　数字图像处理系统

数字图像处理系统是进行图像信息数字处理及数字制图的系统，包括图像处理硬件和图像处理软件两大组成部分。

1.3.1　图像处理硬件

数字图像处理硬件系统主要由图像数字化设备、图像运算处理设备（图像处理计算机）、图像输出设备等组成，如图 1.9 所示。

图 1.9　数字图像处理硬件系统

1. 图像数字化设备

图像数字化设备是图像处理的信号来源，完成将光学图像转换成模拟电图像并进行数字化处理的过程。根据不同的需求，图像数字化设备主要有以下几种类型。

（1）光学机械式——激光扫描仪、光学读入器、微密度计等。

（2）电子束式——电视摄像管、飞点扫描仪等。

（3）固态器件——CCD（电荷耦合器件）摄像机。

以 CCD 摄像机为主体的输入设备得到了广泛的应用。它具有空间分辨率高、体积小、畸变小、抗震动等优点。另外，它与电子束式摄像机相比，具有能在低照度下工作的优势。

图像输入设备通常会引入噪声，其噪声指标是影响数字图像处理系统工作的关键指标。因此，任何数字图像处理系统都会为去除噪声做许多工作。例如，高档相机的低噪性使图像的灰度分辨率提高，从而能获得图像中的微弱灰度变化信息。

2. 图像处理计算机

由于图像数据量大、计算复杂度高，因此对系统硬件配置具有较高的要求。主机的配置主要反映在 CPU、内存和硬盘等指标上。目前，主流个人计算机的配置已完全满足一般图像处理的要求。在专业应用场合，可以选用图形工作站完成图像处理工作。为了完成图像处理工作，一些功能卡有时也是不可缺少的，主要包括图像采集卡、高速图像处理卡、显示卡等。

（1）图像采集卡。

图像采集卡是一种可以获取数字化视频图像信息，并将其存储和播放出来的硬件设备。很多图像采集卡能在捕捉视频信息的同时获得伴音，使音频部分和视频部分在数字化时同步保存、同步播放。图像采集卡主要包括摄像头 A/D 接口、帧存储器、监视器 D/A 接口和 PCI 总线接口单元等，其工作过程如下：摄像头采集图像数据，经 A/D 变换后将图像存放在图像存储单元中，D/A 变换电路自动将图像显示在监视器上；通过主机发出指令，将某一帧图像采集到帧存储器中，然后可对图像进行存盘或处理。

（2）高速图像处理卡。

在实时性要求不高的场合，通过软件设计可以完成大部分图像处理任务。但在军事、工业现场等实时应用领域，常常需要用图像处理专用硬件代替图像采集卡，对采集的图像进行实时处理并对其处理结果进行监控。

通过在图像采集卡上集成高性能的 DSP 芯片可构成高速图像处理卡，由 DSP 芯片替代计算机的 CPU 进行图像处理，其工作过程如下：摄像机将捕捉到的视频信号输入 ADC（Analog Digital Converter，模数转换器）中后，将其转换成数字视频信号；然后将数字视频信号输入高速 FIFO（First Input First Output，先入先出队列）中，一旦 FIFO 中的数字视频数据快满时，DSP 就将这些数据读入内部 RAM 中，进行数字视频信号的算法处理；DSP 将最后的运算结果输入 PCI 总线控制器，PCI 总线控制器以 DMA（Direct Memory Access，成组数据传送）方式将运算结果传到主机的内存中。

（3）显示卡。

显示卡简称显卡，全称显示接口卡，是计算机最重要的配件之一。显卡是计算机进行数模信号转换的设备，承担输出显示图形的任务。显卡能将计算机的数字信号转换成模拟信号，从而在显示器上显示。另外，显卡还有图像处理能力，可协助 CPU 工作，提高整体的运行速度。对从事专业图形设计的人员而言，显卡非常重要。

显卡接安装方式的不同可分为集成显卡和独立显卡。集成显卡功耗低、发热量小，但固化在主板或 CPU 上，无法更换。独立显卡单独安装显存，一般不占用系统内存，比集成显卡具有更好的显示效果和性能；但系统功耗有所升高、发热量有所增大。

3. 图像存储器

图像存储器可以存储数字化后的图像，也可以存储经过处理的图像。为了适应图像的大数据量要求，输入图像、输出图像及中间结果图像必须用大容量存储介质进行存储。大容量硬盘、移动硬盘等磁存储设备，CD-ROM、CD-RW 等光学存储装置，以及存储区域网、网络附属存储等网络存储系统均为海量图像数据存储提供了良好的支持。存储容量以字节（B）、千字节（KB）、兆字节（MB）、吉字节（GB）、太字节（TB）为单位。

4. 图像输出设备

图像输出设备是计算机硬件系统的终端设备，用于接收计算机数据并实现输出显示、打印等操作，可以把各种计算结果数据或信息以图像形式表现出来。常见的图像输出设备有显示器、打印机、绘图仪等。

（1）显示器。

显示器又称监视器，是与主机相连接的终端设备，是实现人机对话的主要工具，是一种必不可少的图像输出设备。通过显示器，用户可以随时观察图像处理的中间结果和最终结果。常用的显示器主要有两种类型：一种是阴极射线管显示器，用于一般的台式计算机；另一种是液晶显示器，用于便携式计算机。按颜色区分显示器，又可分为黑白显示器和彩色显示器。黑白显示器既可显示键盘输入的命令或数据，又可显示计算机数据处理结果。

彩色显示器又称图形显示器,有两种基本工作方式:字符方式和图形方式。在字符方式下,显示内容以标准字符为单位,字符的字形由点阵构成,字符点阵存放在字形发生器中;在图形方式下,显示内容以像素为单位,显示器上的每个像素均可由程序控制其亮度和颜色,因此能显示出较高质量的图形或图像。

显示器的主要性能指标有点距、分辨率、扫描频率和刷新速度。其中,分辨率是个非常重要的性能指标,决定了显示器图像的精密度。显示分辨率是指显示器所能显示像素的多少。在分辨率一定的情况下,显示器越小,图像越清晰;反之,当显示器大小固定时,显示分辨率越高,图像越清晰。描述分辨率的单位有 dpi(点每英寸)、lpi(线每英寸)和 ppi(像素每英寸)。这些单位的应用领域有所不同,dpi 应用于打印或印刷领域,lpi 用于描述光学分辨率的尺度,ppi 应用于计算机显示领域。

(2)打印机。

打印机是将计算机的处理结果打印在纸上的输出设备,即将计算机输出数据转换成印刷字体。打印机按传输方式划分,可分为字符打印机、行式打印机和页式打印机;按工作原理划分,可分为击打式打印机和非击打式打印机。其中,击打式打印机又分为字模式打印机和点阵式打印机;非击打式打印机又分为喷墨打印机、激光打印机、热敏打印机和静电打印机。

打印机有联机和脱机两种工作状态。联机是指与主机接通,能够接收及打印主机传送的信息。脱机是指切断与主机的联系,在脱机状态下,可以进行自检或自动进/退纸。这两种工作状态由打印机面板上的联机键控制。

(3)绘图仪。

绘图仪可将计算机的输出信息以图形的形式输出。它是计算机辅助制图和计算机辅助设计中广泛使用的一种外围设备,主要可绘制各种管理图表、统计图、大地测量图、建筑设计图、电路布线图、机械图、计算机辅助设计图等。绘图仪一般由驱动电机、插补器、控制电路、绘图台、笔架、机械传动等部分组成。绘图仪除了必要的硬件设备,还必须配备丰富的绘图软件,只有软件与硬件结合起来,才能实现自动绘图。

绘图仪的性能指标主要有分辨率、绘图笔数、图纸尺寸、接口形式及绘图语言等。绘图仪的种类很多,按机械结构可分为滚筒式和平台式,按绘图方式可分为跟踪式和扫描式。现代的绘图仪已具有智能化的功能,自身带有微处理器,可以使用绘图命令,具有直线和字符演算处理及自检测等功能。

1.3.2 图像处理软件

数字图像处理软件系统主要包括驱动程序、操作系统和应用软件。

1. 驱动程序

驱动程序是一种可以使计算机和硬件设备通信的控制软件。上述各种图像处理硬件设备均需要配置驱动程序才能正常工作。对普通用户而言，主要是安装问题，驱动程序并不需要自主开发。为了方便设备管理和用户操作，Windows 等操作系统提供了硬件设备的"即插即用"功能，使用户能够方便地添加或删除设备，并允许操作系统在无须用户干预的情况下按照硬件配置的改变进行自动调整，从而将每台设备和它的驱动程序建立通信信道。即插即用提供了对已安装硬件的自动识别、为指定设备驱动程序分配并维护资源、为即插即用系统提供适当接口、为设备事件登记提供相关代码等功能。

2. 操作系统

操作系统是数字图像处理系统最重要的系统软件，其他软件都需要在操作系统的平台上运行。操作系统负责管理与配置内存、决定系统资源供需的优先次序、控制输入与输出设备、操作网络和管理文件系统等基本工作。操作系统的种类很多，按作业处理方式可划分为以下几种。

（1）实时操作系统，如 Windows 操作系统。

（2）分时操作系统，如 Linux、UNIX、Mac OS X 操作系统。

（3）批处理操作系统，如 MVX、DOS/VSE 操作系统。

3. 应用软件

这里介绍数字图像处理系统的两大主流开发工具：Visual C++和 MATLAB。这两种开发工具各有所长且有相互间的软件接口。

（1）Visual C++。

Visual C++（简称 VC++或 VC）是 Microsoft 公司推出的以 C++语言为基础的开发环境，是一种面向对象的可视化集成编程系统。它具有程序框架自动生成、灵活方便的类管理、代码编写和界面设计集成交互操作等优点，而且可使其生成的程序框架支持数据库接口、OLE2.0、Winsock 网络和 3D 控制界面。

VC++有两种编程方式：一种是基于 Windows API 的编程方式，另一种是基于 MFC 的编程方式。API（应用程序编程接口）能提供应用程序与开发人员基于某软件或硬件得以访问一组例程的能力，该方式的运行效率较高，但开发难度和工作量较大；MFC 是微软基础类库，以 C++形式封装了 Windows API，并包含一个应用程序框架，这种方式的运行效率相对较低，但开发难度和工作量较小。

由于数字图像的格式较多，所以为了避免程序员将主要精力放在特定类型图像的处理上，Visual C++ 6.0 以上版本提供的动态链接库 ImageLoad.dll 支持 BMP、JPG、TIF 等常用的 6 种格式图像的读/写功能。

（2）MATLAB。

MATLAB 是美国 MathWorks 公司推出的商业数学软件。该软件主要面向科学计算、可视化，以及交互式程序设计等问题。它将数值分析、矩阵计算、科学数据可视化，以及非线性动态系统建模等诸多强大功能集成在一个易于使用的视窗环境中，为科学研究、工程设计的众多科学领域提供了一种全面的解决方案，并在很大程度上摆脱了传统非交互式程序设计语言（如 C 语言、FORTRAN 语言）的编辑模式，代表了当今国际科学计算软件的先进水平。

MATLAB 对图像的处理功能主要集中在图像处理工具箱。该工具箱涵盖了工程实践中常用的图像处理算法，如图形句柄、图像表示、图像变换、图像增强、边缘检测、小波分析、分形几何、图形用户界面等。除了常用图像格式，图像处理工具箱还支持多种专用图像文件格式，如 DICOM 格式的医学图像、NITF 格式的地理空间图像、HDR 格式的高动态范围图像。

除了上述开发工具，一些商业应用软件从使用功能出发，用户只需了解软件的操作方法即可完成图像处理任务。商品化的图像应用软件无须用户进行编程，操作方便，功能齐全，因此得到了广泛应用。Adobe Photoshop（简称 PS）就是一种最常用的图像处理应用软件。它主要处理以像素为单位的数字图像。它提供的编修与绘图工具可以有效地进行图像编辑工作。另外，利用 PS 还可以进行平面处理、图形绘制、文字艺术加工、图像格式和颜色模式的转换、图像尺寸和分辨率的变换、网页图像制作等。

1.4　数字图像处理的应用领域

随着计算机技术和半导体工业的发展，数字图像处理技术的应用已经渗透到生物医学、工业工程、航天航空、通信工程、军事、公共安全、文化艺术等领域，在国计民生及国民经济中发挥着越来越大的作用。

1. 在生物医学领域的应用

数字图像处理技术在生物医学领域的应用十分广泛，涉及临床诊断、治疗和病理研究，具有无创伤、快速、直观等优势。按成像模式划分，当前临床主要的医学图像包括 CT 图像、MRI 图像、B 超扫描图像、X 射线透视图像、PET 图像、电子内窥镜图像等，如图 1.10 所示。医务人员根据实际需要，基于原始图像经过特定的后处理，可以从不同角度显示图像中潜在的有利于诊断的特征信息。医学图像处理的具体应用包括数字解剖建模、仿真多角度扫描、指定手术规划、放射治疗、虚拟内窥镜、远程医疗等。

2. 在工业工程领域的应用

在工业工程领域中，数字图像处理技术也有着广泛的应用，如工业生产中的焊接、装配，自动装配线中零件质量的检测、零件类型的分类，印制电路板的疵病检查，弹性力学图像的应力分析，流体力学图像的阻力和升力分析，邮政信件的自动分拣，有毒、放射性环境下工件形状和排列状态的识别等。还有值得一提的是，具备视觉、听觉和触觉功能的智能机器人的研制用来实现对三维景物的理解与识别，将会给工业生产带来新的激励。图 1.11 列举了数字图像处理技术在工业工程领域的典型应用。

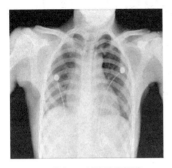
（a）胸部 X 射线透视图像

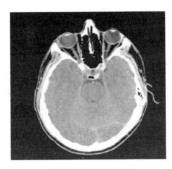
（b）头部 CT 图像

（c）脊柱磁共振图像

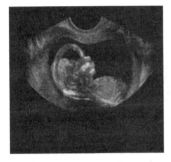
（d）胎儿超声图像

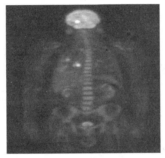
（e）人体 PET 图像

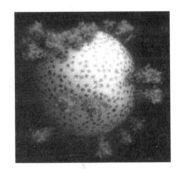
（f）病毒 3D 图像

图 1.10 当前临床主要的医学图像

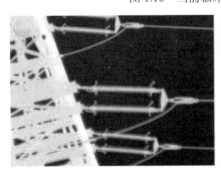
（a）输配电线路检测

（b）工业机器人

图 1.11 数字图像处理技术在工业工程领域的应用

3. 在航天航空领域的应用

数字图像处理技术在航天航空领域的应用主要体现为遥感技术。由空间飞行器获取的航天遥感图像和由空中飞行器获取的航空遥感图像都需要进行后续处理与分析。如果采用人工方式，则需要大量的人力，不仅速度慢，还容易产生误差。而采用数字图像处理系统来判读分析则能有效解决该问题，并可以从图像中获取人工不能发现的大量有价值的信息。遥感应用范围主要包括资源调查、地质勘探、土地测绘、气象监测、考古调查、环境检测、农作物估产等。图 1.12 列举了数字图像处理技术在航天航空领域的典型应用。

（a）空间探索 　　　　　　　　　　　　　　　（b）地球遥感

图 1.12　数字图像处理技术在航天航空领域的典型应用

4．在通信工程领域的应用

当前通信的主要发展方向是声音、文字、图像和数据结合的多媒体通信。因为图像数据量十分巨大，所以图像通信最为复杂和困难，必须采用编码技术压缩信息的比特量。图像通信，特别是高清晰度的视频通信已成为实现多媒体通信的重要问题，压缩编码技术是必须突破的关键技术之一。

按业务性能划分，图像通信分为传真、电视广播、可视电话、会议电视和图文电视等；按图像变化性质划分，图像通信分为静止图像通信和活动图像通信。图 1.13 列举了数字图像处理技术在通信工程领域的典型应用。

（a）远程视频会议 　　　　　　　　　　　　　（b）手机上网

图 1.13　数字图像处理技术在通信工程领域的典型应用

5．在军事和公安领域的应用

数字图像处理技术在军事方面的应用主要有导弹的精确制导，各种侦察照片的判读，飞机、坦克和军舰的模拟训练等。图 1.14 列举了数字图像处理技术在军事领域的典型应用。

数字图像处理技术在公安业务中也发挥着重要作用，如指纹识别、人脸鉴别、交通监控、事故分析、刑侦图像的判读分析，以及不完整图像的复原等。目前已投入运行的高速公路不停车自动收费系统中的车辆和车牌的自动识别也是数字图像处理技术的成功应用。图 1.15 列举了数字图像处理技术在公安领域的典型应用。

图 1.14 数字图像处理技术在军事领域的典型应用

（a）生物特征识别

（b）智能通关

（c）交通监控

图 1.15 数字图像处理技术在公安领域的典型应用

6. 在文化艺术领域的应用

数字图像处理技术在文化艺术领域的贡献有目共睹。个人计算机处理图像的能力已经达到昔日大型计算机的处理能力。该类应用主要有动画制作、电影特效、广告设计、发型设计、服装设计、电视画面的数字编辑、电子游戏设计、纺织工艺品设计、文物资料照片的修复、分形艺术、运动员动作分析等。图 1.16 列举了数字图像处理技术在文化艺术领域的典型应用。

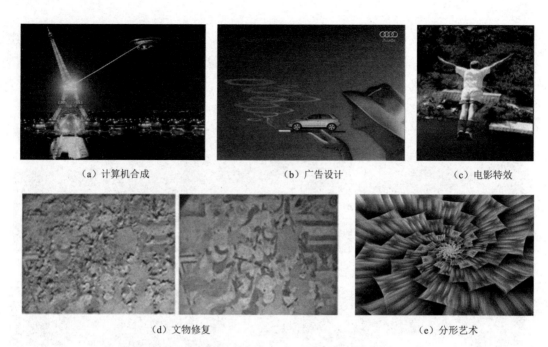

（a）计算机合成　　　　　　　（b）广告设计　　　　　　　（c）电影特效

（d）文物修复　　　　　　　　　　　　　（e）分形艺术

图 1.16　数字图像处理技术在文化艺术领域的典型应用

7. 在其他方面的应用

上述实例大多是面向可见光成像的应用，而数字图像处理可以覆盖整个电磁波谱（从超声波到无线电波）成像，这能大大超过人的视觉能力范围，扩大数字图像处理技术的应用领域。电磁波谱可按每光子的能量或波长进行分组，如图 1.17 所示。图 1.18 是典型电磁波成像示例。

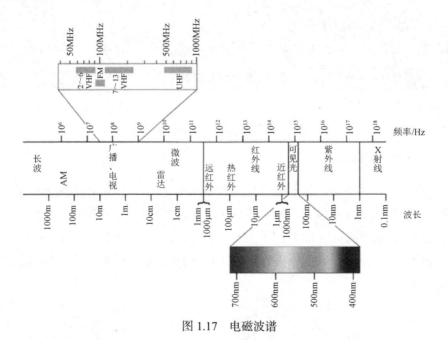

图 1.17　电磁波谱

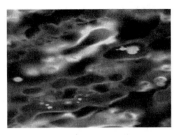  

（a）谷物紫外波段成像　　　　　　（b）山区微波雷达成像　　　　　　（c）飓风多光谱成像

图 1.18　典型电磁波成像示例

1.5　课程思政

针对本章的学习内容，下面介绍关于课程思政的案例设计。

- 数字图像和数字图像处理。

思政案例：在数字图像的处理任务的讲解中，挖掘思政的社会责任，结合课程内容诠释"科技是第一生产力"的道理，强调科技创新在支撑国家发展中的作用。同时，可以借助该领域的名人轶事明确学习目标、增强学习动力。

- 数字图像处理的应用领域。

思政案例：在数字图像处理的应用领域的讲解中，介绍了典型应用场景和工业工程、生物医学等领域的对应关系，让读者可以直观感受到数字图像处理技术的价值所在，体现课程的社会意义。例如，在航天航空领域的应用中，我国的"嫦娥工程"首次将月球背面的影像传回地球，这一伟大壮举能够强化我们的民族自豪感。再如，在移动支付的应用中，二维码电子支付提升了支付的便利性，中国电子支付领先全球，这一优势也能够提升我们的民族自豪感。

本章小结

本章从介绍数字图像的基本概念入手，主要概述了以下几方面的内容。

1．数字图像处理的任务

（1）提高图像的视觉质量以提供人眼主观满意的效果。

（2）提取图像中包含的某些特征或特殊信息，为后续图像分析提供便利。

（3）对图像数据进行变换、编码和压缩，以便于图像和视频信息的存储与传输。

2．图像处理、图像分析和计算机视觉的区别与联系

图像处理和图像分析的研究对象主要是二维图像，研究内容和图像的具体内容无关。

计算机视觉的研究对象主要是映射到单幅或多幅图像上的三维场景，其研究在很大程度上面向图像内容。

图像处理输入的是图像，输出的也是图像；图像分析输入的是图像，输出的是可描述性数据；计算机视觉输入的是图像或图像序列，输出的是对图像或图像序列的理解。

3．典型的数字图像处理系统

（1）图像处理硬件。

（2）图像处理软件。

4．数字图像处理的应用领域

数字图像处理的应用领域有生物医学、工业工程、航天航空、通信工程、军事和公安、文化艺术等。

练习一

一、填空题

1．用于身份认证的生物特征主要有 DNA、指纹、掌纹、步态、声音、_____、_____等。

2．图像的类型有二值图像、灰度图像、彩色图像、多帧图像和_____。

3．图像根据记录方式的不同可分为数字图像和_____两大类。

4．组成数字图像的基本元素是_____。

5．对图像数据进行变换、_____、_____，可便于图像的存储和传输。

二、简答题

1．数字图像处理主要包括哪些研究内容？

2．常见的数字图像处理应用软件有哪些？各有什么特点？

3．列举数字图像处理的主要应用领域。

4．列举你身边与数字图像处理相关的实例。

5．查阅文献，讨论数字图像处理的发展方向。

第 2 章　数字图像处理基础

数字图像处理是一门综合性学科，涉及物理、数学、电子、信息处理等多个领域。本章主要讲解与数字图像处理密切相关的基本概念和基础知识，主要包括视觉和感知要素、色度学基础与颜色模型、数字图像的生成与表示、数字图像的数值描述、像素间的一些基本关系。读者应在理解相关概念的基础上，重点学习数字图像的生成与表示、数字图像的数值描述等内容。本章可为后续更好地学习数字图像处理奠定基础。

- 视觉和感知要素。
- 色度学基础与颜色模型。
- 数字图像的生成与表示。
- 数字图像的数值描述。
- 像素间的一些基本关系。

2.1　视觉和感知要素

视觉是人类最重要的感觉，也是人类获取信息的主要来源，人类获取信息的 70%来自视觉系统。图像与其他的信息形式相比，具有直观、具体、生动等诸多显著的优点。数字图像处理的终极目标就是要达到人眼的能力。因此，学习图像处理中的视觉和感知要素是很有必要的。

2.1.1　人眼的结构

人眼是一个平均直径为 20mm 的球体器官，大体分为角膜、晶状体和视网膜，光线被角膜接收，经晶状体折射，最终成像在视网膜上。事实上，当我们去看手机的镜头甚至昂贵的相机的镜头时，能够看出它们的硬件构造也是如此。

眼睛不是完全的球体，而是一个融合的两件式单位，较小单位在前方，有较大的弧度，以被称为角膜的部分与较大单位被称为巩膜的部分相连接，角膜和巩膜由被称为角膜缘的环相连接。由于角膜是透明的，所以巩膜取代角膜成为可见的部分。因为光不会反射出来，所以观看眼睛的内部需要眼膜曲率镜。眼底（相对于瞳孔的区域）显现光学盘面（视乳头）的特征，所有进入眼睛的光线由此穿过视神经纤维离开眼球。

图 2.1 为人眼的截面示意图，前部为一圆球，其平均直径约为 20mm，由 3 层薄膜包着，即角膜和巩膜外壳、脉络膜、视网膜。角膜是一种硬而透明的组织，盖着眼睛的前表面，巩膜与角膜连在一起，是一层包围着眼球剩余部分的不透明的膜；脉络膜位于巩膜的里边，包含有血管网，是眼睛的重要滋养源，其颜色很深，因此有助于减少进入眼内的外来光和眼球内的反射。脉络膜的最前面被分为睫状体和虹膜。虹膜的收缩和扩张控制着允许进入眼内的光。虹膜的中间开口处是瞳孔，其直径是可变的，可由约 2mm 变到约 8mm，用以控制进入眼球内部的光。

光线从光路系统投射到视网膜上，视网膜上的中央凹一般作为视觉的中心点，中央凹附近为黄斑，在盲点附近没有视网膜细胞，但存在神经（将视觉信息传输给大脑）。眼睛最里层的膜是视网膜，布满在整个眼球后部的内壁上，当眼球适当聚焦时，从眼睛的外部物体来的光就在视网膜上成像。视网膜由视锥细胞和视杆细胞组成，视锥细胞是明视觉细胞，可以感知成像的形状。人的视网膜中有 3 种不同的视锥细胞，对光谱的敏感值分别为 430nm（蓝光）、540nm（绿光）、570nm（红光）。视杆细胞是暗视觉细胞，在弱光下检测亮度，无色彩感觉。眼睛本质上是一个照相机，人的视网膜通过神经元感知外部世界的颜色，每个神经元或是一个对颜色敏感的锥状体，或是一个对颜色不敏感的杆状体。

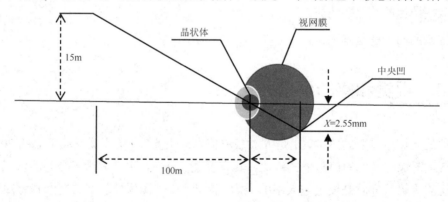

图 2.1　人眼的截面示意图

整个视网膜表面分布的分离的光接收器形成了图案视觉。视锥细胞和视杆细胞组成了这个分离的光接收器。每只眼睛中锥状体的数目为 $600 \times 10^4 \sim 700 \times 10^4$ 个，位于视网膜的中间部分，即中央凹，对颜色很敏感。人们用这些锥状体能充分地识别图像的细节，因为每个锥状体都被接到一根神经的一端，控制眼睛的肌肉，使眼球转动，从而使人们感兴趣的物体的像落在视网膜的中央凹上。锥状视觉又叫白昼视觉。杆状体数目更多，有 $7500 \times 10^4 \sim 15000 \times 10^4$ 个，分布在视网膜表面，因为分布面积较大且几个杆状体接到一根神经的末端上，所以使接收器能够识别细节的量减少了。杆状体用来给出视野中大体的图像，没有色彩感觉，但对照明度比较敏感。例如，白天呈现鲜明颜色的物体在月光之下却没有颜色，这是因为只有杆状体受到了刺激，而杆状体没有色彩感觉，因此，杆状视觉又叫夜视觉。

2.1.2   人眼的成像方式

人眼是对光起反应，并有多种用途的一种器官。作为意识感觉器官，眼睛拥有视觉。视网膜的视杆细胞、视锥细胞拥有包括色彩分化和深度意识的光感与视觉。人类的眼睛可分辨约 1000 万种颜色。与其他哺乳动物的眼睛共通，人眼的非成像光敏神经节细胞在视网膜收到光的信号强弱、荷尔蒙的褪黑激素和生理时钟诱导的抑制会影响与调整瞳孔的大小。

那么，人们怎么感觉到面前的景物呢？光线的强弱会被视网膜转换为强度不同的电脉冲，通过神经纤维传至大脑中形成图像。首先是一个视觉范围，即人眼能感受到的亮度范围，猫、狗能看到夜里的东西，而人却不能，因此，猫、狗的视觉范围就比人类的大。人眼还有视觉适应性，从外面走到黑暗的室内，暂时会感到一片漆黑，但过一会就好了，这种暗适应性是由瞳孔放大实现的，更加生物学的解释是，因为感知视觉的视敏细胞由杆状转换成了锥状。普通的相机尚不能提供夜视能力，因此，平常很难拍到晚上的景物，必须由专门的夜视相机去拍摄晚上的景物。

人眼成像的方式与相机类似，以眼睛中晶状体的光心为折射点，实物是在视网膜上折射出人眼获取的图像，如图 2.2 所示。透明的角膜后是不透明的虹膜，虹膜中间的圆孔称为瞳孔，其直径可调节，从而控制进入人眼的光通量。瞳孔后是一扁球形弹性透明体，其曲率可调节，可以改变焦距，使不同距离的图在视网膜上成像。前面提到，视网膜由视锥细胞和视杆细胞组成，视锥细胞是明视觉细胞，在强光下检测亮度和颜色；视杆细胞是暗视觉细胞，在弱光下检测亮度，无色彩感觉。因此，人眼成像的方式主要由睫状体调整晶状体的弧度，影像聚焦至视网膜中央凹附近，然后由光敏细胞感受各自位置强度，最后由脑部识别成最终成像。

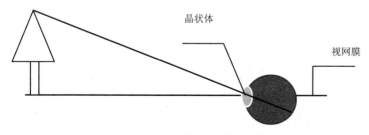

图 2.2   人眼成像的方式

2.1.3   人眼视觉基础

1. 亮度适应能力

亮度适应现象是人眼通过改变其整个灵敏度来适应非常大的光强变动范围的现象。因为数字图像作为一个离散的灰度集来显示,所以研究人眼对不同亮度级别的辨别能力就很重要。人眼的视觉特性还有亮度适应与辨别的能力。

人的视觉系统能适应的亮度范围是很大的,由暗视阈值到强闪光之间的光强度差约为 10^{10} 级。但是人眼并不能同时感受很大的亮度范围;在客观亮度相同的条件下,当背景亮度不同时,主观感受的亮度也不同。人眼的明暗感觉是相对的,当外界光线的亮度发生变化时,人眼的感受性也会发生变化。从明亮处到昏暗处的视觉适应性称为暗适应性,从昏暗处到明亮处的视觉适应性为亮适应性。当平均亮度适中时,人眼能分辨的亮度的上、下限之比为 1000:1;当平均亮度很低时,这一比值只有 10:1。图 2.3 中的短交叉线说明一个人在适应某一平均亮度时,能够同时鉴别出光强变化的范围要比人视觉系统能适应的亮度范围小得多,在交叉点以上,主观感觉亮度与进入眼的外界刺激光强并非呈线性关系。图 2.3 表明,在很大范围内,主观亮度与光强度的对数呈线性关系,图中曲线的下部表明了白昼视觉与夜视觉的不同。

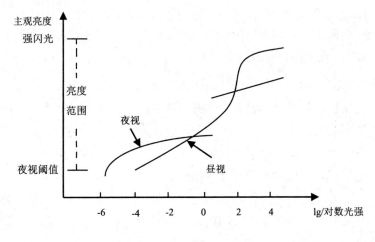

图 2.3　眼睛亮度的适应能力

2. 分辨率

人眼的分辨率是指人眼在一定距离内能区分开的相邻两点的能力。人眼的分辨率与环境照度有关,当照度太低时,只有杆状细胞起作用,分辨率下降;但照度太高可能引起"炫目"现象。另外,人眼的分辨率还与被观察对象的相对对比度有关。当相对对比度弱时,对象和背景亮度很接近,使得人眼的分辨率下降。

分辨率可用视觉锐度或调制传递函数(MTF)表示,前者表示能够鉴别最小空间模式的一种测度,后者表示视觉能鉴别不同频率的正弦光栅所要求的信号对比度。这两种测度实际上是相互补充的,前者定义在空域;后者定义在相应的频域,是导出单色视觉模型的依据。MTF 的特性如图 2.4 所示。

从图 2.4 中可以看出,MTF 具有带通滤波特性,它的最灵敏空间频率是(2~5)赫兹/灵敏度。实验发现，当输入信号的对比度改变时，系统的 MTF 也会变化，而且当输入光栅相对于眼的光轴旋转后，系统的 MTF 也有所变化。因此，人的视觉系统是非线性和各向异性的。

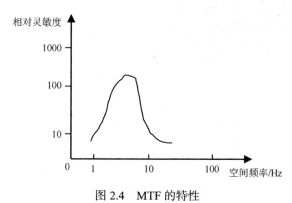

图 2.4　MTF 的特性

3. 亮度对比效应

人眼的视觉效果是由可见光刺激人眼引起的。如果光的辐射功率相同而波长不同，则引起的视觉效果也不同。例如，大小和亮度均相同的 4 个小正方形的物体处于不同的亮度背景下，当同时观察目标物与背景时，会感到较暗背景中的目标物较亮，而较亮背景中的目标物则较暗。这是因为人的视觉灵敏度在高亮度背景下会下降，这种效应称为同时对比效应。由于同时对比是由亮度差别引起的，所以也可称为亮度对比。相应的还有色度对比。例如，同样的灰色物体，红背景时看起来带绿色，绿背景时看起来带红色。

4. 马赫带效应

马赫带效应是 1868 年由奥地利物理学家 E.马赫发现的一种明度对比现象，是指人在明暗交界处感到亮处更亮、暗处更暗的现象，是一种主观的边缘对比效应，即当亮度发生跃变时，在亮暗边缘附近，亮侧亮度上冲、暗侧亮度下冲。

如图 2.5 所示，在观察一条由均匀黑的区域和均匀白的区域形成的边界时，人们感觉到在亮度变化部位附近的暗区和亮区中分别存在一条更黑和更亮的条带，这就是所谓的马赫带，即视觉系统有过高或过低估计不同亮度区域的边界值的现象。

5. 视觉的空间特性和时间特性

视觉的空间特性是指视像空间变化的快慢。明亮的图像意味着有大量的高频空间成分，模糊的图像只有低频空间成分。视觉的时间特性是指视觉图像建立起来是需要时间的，而视觉图像建立起来之后，即使把目标图像拿走，视觉反应也要持续一段时间，因此产生视觉的运动感觉。视觉的运动感觉与人对刺激信号的反应有关，刺激信号的出现与消失或改变都影响反应时间。光消失反应时间比光出现反应时间短，光强度增强反应时间比光强度减弱反应时间长。

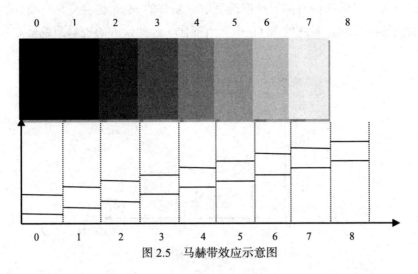

图 2.5　马赫带效应示意图

视觉运动的规律一般指人眼的水平运动比垂直运动快，即更易跟踪水平运动的物体；看圆形的画面总是习惯沿顺时针方向看，因此，对顺时针运动物体的反应较逆时针运动物体的反应快；在偏离距离相同的情况下，人眼对视野中 4 个象限的观察率依次为左上、右上、左下、右下；视线习惯于从左到右和从上到下看等。

2.2　色度学基础与颜色模型

彩色是光的一种属性，没有光就没有彩色。在光的照射下，人们通过眼睛感觉到各种物体的彩色，这些彩色都是人眼特性和物体客观特性的综合效果。在太阳光的照射下，人们可以看到五彩缤纷的大自然景物。图像是由人的视觉系统接受物体投射或反射的光学信息，然后在大脑中形成的印象和认识，是客观存在的多维体在人脑中的"成像"。因此，要研究图像处理，就得先从色度学基础和颜色模型两方面开始。

2.2.1　色度学基础

色彩是光的物理属性和人眼的视觉属性的综合反映。人眼对发光体或不发光体的色彩感觉分别是因为不同光谱波长的辐射光或反射光刺激人眼视网膜内的感受器（视色素）而使之兴奋的结果。色彩具有 3 个基本属性：色调、饱和度和亮度。色调是与混合光谱中主要光波长相联系的。饱和度表示颜色的深浅程度，与一定色调的纯度有关，纯光谱色是完全饱和的，随着白光的加入，饱和度逐渐降低。亮度与物体的反射率成正比，颜色中掺入白色越多，就越明亮；掺入黑色越多，亮度越低。

人感受到的不透明物体的颜色主要取决于反射光的特性，如果物体比较均衡地反射各种光谱，则人看到的物体是白色的；如果物体对某些光谱反射较多，则人看到的物体就呈现相对应的颜色。颜色匹配是指把两种颜色调节到视觉上相同或相等的过程，将观察者的颜色感觉数字化。在颜色匹配中，用于颜色混合以产生任意颜色的 3 种颜色称为三原色（三基色）。三原色中的任何一种颜色不能由其余两种原色相加混合得到，通常在相加混合色中，用红、绿、蓝 3 种颜色作为三原色。

三原色原理指的是任何颜色都可以用 3 种不同的基本颜色按不同的比例混合得到。标准三原色按照国际照明委员会（CIE）规定如下。

红色（R）：波长为 700nm。

绿色（G）：波长为 546.1nm。

蓝色（B）：波长为 435.8nm。

光的三原色如图 2.6 所示（由于是黑白印刷，所以颜色显示不出）。

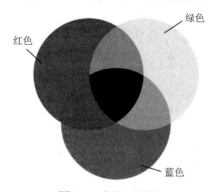

图 2.6　光的三原色

2.2.2　颜色模型

颜色可分为无彩色和有彩色两大类。无彩色为白色、黑色和各种深浅程度不同的灰色。有彩色为除去黑白系列以外的各种颜色。实验证明，任何彩色都可以由不同比例的 3 种独立的基本彩色混合得到，这 3 种相互独立的彩色称为三原色。前面已经介绍到，相加混合法的三原色是红、绿、蓝，它们之间的任意一组混合都可以得到一种新的彩色。

三原色按照比例混合可以得到各种颜色，其配色方程为

$$C = aR + bG + cB, \quad a,b,c \geqslant 0 \tag{2.1}$$

式中，C 为任意颜色；R 代表红色；G 代表绿色；B 代表蓝色；a，b，c 为三原色的权值。

颜色模型是为不同的研究目的确立某种标准，并按这个标准用三原色表示颜色。一般情况下，一种颜色模型用一个三维坐标系统和系统中的一个子空间来表示，每种颜色都是这个子空间中的一个单点。常见的颜色模型有 RGB 模型、HSI 模型、CMYK 模型、YIQ 模型、YUV 模型。

1. RGB 模型

RGB 颜色模型通常使用于彩色阴极射线管等彩色光栅图形显示设备中，彩色光栅图形的显示器都使用 R、G、B 数值来驱动 R、G、B 电子枪发射电子，并分别激发荧光屏上的 R、G、B 3 种颜色的荧光粉发出不同亮度的光线，并通过相加混合产生各种颜色；扫描仪也是通过吸收原稿经反射或透射而发送来的光线中的 R、G、B 成分，并用它来表示原稿的颜色。

RGB 颜色模型覆盖的颜色域取决于显示设备荧光点的颜色特性，与硬件相关。它是使用最多、我们最熟悉的颜色模型。它采用三维直角坐标系。红、绿、蓝三原色是加性原色，各个原色混合在一起可以产生复合色。

RGB 颜色模型通常采用如图 2.7 中彩色正方体所示的单位正方体来表示。在正方体的主对角线上，各原色的强度相等，产生由暗到明的白色，即不同的灰度值。(0,0,0)为黑色，(1,1,1)为白色，正方体的其他 6 个角点分别为红、黄、绿、青、蓝和紫。

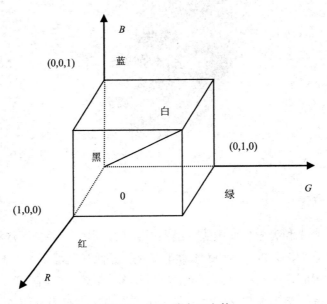

图 2.7　RGB 彩色立方体

2. HSI 模型

HSI 模型从人的视觉系统出发，用色调（H）、饱和度（S）和亮度（I）来描述色彩。HSI 色彩空间可以用一个圆锥模型来描述。使用这种描述 HSI 色彩空间的圆锥模型相当复杂，却能把色调、亮度和饱和度的变化情形表现得很清楚。通常把色调和饱和度统称为色度，用来表示颜色的类别与深浅程度。

用圆锥模型表示 HSI 模型的方法如图 2.8 所示。圆柱体横截面形成彩色环，色调由角度表示，饱和度由半径上的点至圆心的距离表示。色度反映了该彩色最接近什么样的光谱波长。一般情况下，0°表示的颜色为红色，120°表示的颜色为绿色，240°表示的颜色为蓝色。0°～240°的色相覆盖了所有可见光谱的颜色，240°～300°为人眼可见的非光谱色（紫色）。饱和度是指一种颜色的鲜艳程度，饱和度越高，颜色越深，如深红、深绿。饱和度参数是色相环的圆心到彩色点的半径的长度。由色相环可以看出，环的边界上是纯的或饱和的颜色，其饱和度值为 1；中心是中性（灰色）阴影，饱和度为 0。亮度是指光波作用于感受器所发生的效应，其大小由物体的反射系数决定，反射系数越大，物体的亮度越高，反之越低。

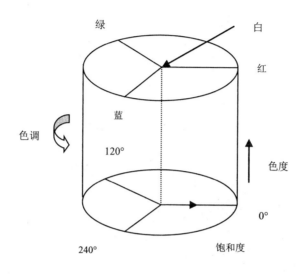

图 2.8　用圆锥模型表示 HIS 模型的方法

　　HSI 模型的特点主要为亮度分量与图像的彩色信息无关，能够反映物体的明暗程度，色调和饱和度分量与人感受颜色的方式紧密相连。基于这些特点，HSI 模型可以借助人的视觉系统感知彩色特性的图像处理算法，面向以彩色处理为目的的应用。由于人的视觉对亮度的敏感程度远强于对颜色浓淡的敏感程度，因此，为了便于彩色处理和识别，人的视觉系统经常采用 HSI 模型，它比 RGB 色彩空间更符合人的视觉特性。在图像处理和计算机视觉中，大量算法都可在 HSI 模型中方便地使用，它们可以分开处理，而且是相互独立的。因此，HSI 模型可以大大减轻图像分析和处理的工作量。HSI 模型和 RGB 模型只是同一物理量的不同表示方法，因而它们之间存在着转换关系。

　　从 RGB 转换到 HSI，色度用 H 表示，饱和度用 S 表示，亮度用 I 表示，为化简计算公式，设 S、I 和 R、G、B 的取值均为[0,1]。对于其他取值，如[0,255]，可做相应的线性变换。具体转换公式为

$$I = \frac{1}{3}(R + G + B)$$

$$S = 1 - \frac{3}{R + G + B}[\min(R, G, B)] \tag{2.2}$$

$$H = \arccos\left\{\frac{[(R-G) + (R-B)] / 2}{[(R-G)^2 + (R-B)(G-B)]^{1/2}}\right\}$$

从 HSI 转换到 RGB 分 3 段。

（1）当 H 在[0°,120°]区间时，具体转换公式为

$$B = I(1-S)$$

$$R = I\left[1 + \frac{S\cos H}{\cos(60° - H)}\right]$$

（2.3）

$$G = 3I - B - R$$

（2）当 H 在[120°,240°]区间时，具体转换公式为

$$B = I(1-S)$$

$$R = I\left[1 + \frac{S\cos H}{\cos(60° - H)}\right]$$

（2.4）

$$G = 3I - B - R$$

（3）当 H 在[240°,360°]区间时，具体转换公式为

$$G = I(1-S)$$

$$B = I\left[1 + \frac{S\cos(H - 240°)}{\cos(300° - H)}\right]$$

（2.5）

$$R = 3I - G - B$$

3. CMYK 模型

CMYK 色彩空间应用于印刷业。印刷业通过青（C）、品红（M）、黄（Y）三原色油墨的不同网点面积率的叠印来表现丰富多彩的颜色，这便是三原色的 CMY 色彩空间。在实际印刷中，一般采用青（C）、品红（M）、黄（Y）、黑（BK）四色印刷，在印刷的中间调至暗调，增加黑版。当红、绿、蓝三原色被混合时，会产生白色，但是当混合蓝绿色、紫红色和黄色三原色时，会产生黑色。CMYK 色彩空间是和设备或印刷过程相关的，对于工艺方法、油墨的特性、纸的特性等，不同的条件有不同的印刷结果。因此，CMYK 色彩空间称为与设备有关的表色空间。

而且，CMYK 具有多值性，即对同一种具有相同绝对色度的颜色，在相同的印刷过程前提下，可以用多种 CMYK 数字组合来表示和印刷。这种特性给颜色管理带来了很多麻烦，但也给控制带来了很高的灵活性。

在印刷过程中，必然要经过一个分色的过程，所谓分色，就是指将计算机中使用的 RGB 颜色转换成印刷使用的 CMYK 颜色。在转换过程中，存在两个复杂的问题，其一是这两种颜色模型在表现颜色的范围上不完全一样，RGB 的色域较大，而 CMYK 的色域则较小，因此就要进行色域压缩；其二是这两种颜色模型都是和具体的设备相关的，颜色本身没有绝对性。由 RGB 模型向 CMYK 模型转换的具体公式为

$$K = \min(1 - R, 1 - G, 1 - B)$$
$$C = (1 - R - K) / (1 - K)$$
$$M = (1 - G - K) / (1 - K) \tag{2.6}$$
$$Y = (1 - B - K) / (1 - K)$$

4. YIQ 模型

YIQ 模型通常被北美的电视系统采用，属于 NTSC（National Television Standards Committee）系统。YIQ 模型中的 Y 不是指黄色，而是指颜色的明视度（Luminance），即亮度（Brightness），其实就是图像的灰度值；而 I 和 Q 则是指色调（Chrominance），即描述图像色彩及饱和度的属性。在 YIQ 系统中，Y 分量代表图像的亮度信息，而 I、Q 两个分量则携带颜色信息，I 分量代表从橙色到青色的颜色变化，而 Q 分量则代表从紫色到黄绿色的颜色变化。将彩色图像从 RGB 转换到 YIQ 色彩空间，可以把彩色图像中的亮度信息与色度信息分开，分别独立进行处理。RGB 模型和 YIQ 模型的转换可用如下公式进行：

$$\begin{pmatrix} Y \\ I \\ Q \end{pmatrix} = \begin{pmatrix} 0.299 & 0.587 & 0.114 \\ 0.596 & -0.274 & -0.322 \\ 0.211 & -0.523 & 0.312 \end{pmatrix} \begin{pmatrix} R \\ G \\ B \end{pmatrix} \tag{2.7}$$

$$\begin{pmatrix} R \\ G \\ B \end{pmatrix} = \begin{pmatrix} 1 & 0.956 & 0.621 \\ 1 & -0.272 & -0.647 \\ 1 & -1.106 & -1.703 \end{pmatrix} \begin{pmatrix} Y \\ I \\ Q \end{pmatrix} \tag{2.8}$$

5. YUV 模型

YUV 模型是被欧洲电视系统采用的一种颜色编码方法。在现代彩色电视系统中，首先通常采用三管彩色摄像机或彩色 CCD 摄像机进行取像；然后把取得的彩色图像信号经分色、分别放大校正后得到 RGB；再经过矩阵变换电路得到亮度信号 Y 和两个色差信号 $R\text{-}Y$（U）、$B\text{-}Y$（V）；最后发送端将亮度和两个色差总共 3 个信号分别进行编码，用同一信道发送出去。这种色彩的表示方法就是所谓的 YUV 色彩空间表示。采用 YUV 色彩空间的重要性是它的亮度信号 Y 和色度信号 U、V 是分离的。如果只有 Y 信号分量而没有 U、V 信号分量，那么这样表示的图像就是黑白灰度图像。彩色电视采用 YUV 色彩空间正是为了用亮度信号 Y 解决彩色电视与黑白电视的兼容问题，使黑白电视也能接收彩色电视信号。

YUV 主要用于优化彩色视频信号的传输，使其向后相容老式黑白电视。与 RGB 视频信号传输相比，它最大的优点在于只需占用极少的频宽（RGB 要求 3 个独立的视频信号同时传输）。其中，Y 表示明亮度，即灰阶值；而 U 和 V 表示的则是色度，作用是描述影像色彩及饱和度，用于指定像素的颜色。亮度是透过 RGB 输入信号来建立的，方法是将 RGB 信号的特定部分叠加到一起；色度定义了颜色的两方面——色调与饱和度。RGB 模型和 YIQ 模型的转换可用如下公式进行：

$$\begin{pmatrix} Y \\ U \\ V \end{pmatrix} = \begin{pmatrix} 0.299 & 0.587 & 0.114 \\ -0.148 & -0.289 & 0.437 \\ 0.615 & -0.515 & -0.100 \end{pmatrix} \begin{pmatrix} R \\ G \\ B \end{pmatrix} \tag{2.9}$$

$$\begin{pmatrix} R \\ G \\ B \end{pmatrix} = \begin{pmatrix} 1 & 0 & 1.140 \\ 1 & -0.395 & -0.581 \\ 1 & 2.032 & 0 \end{pmatrix} \begin{pmatrix} Y \\ U \\ V \end{pmatrix} \tag{2.10}$$

2.3 数字图像的生成与表示

对于自然界中的物体，通过某些成像设备，将物体表面的发射光或物体的投射光转换成电压，便可在成像平面生成图像。图像中目标的亮度取决于投影成目标的景物所收到的光照度、景物表面对光的反射程度及成像系统的特性。本节主要介绍图像信号的数字化及数字图像的表示方法。

2.3.1 图像信号的数字化

从物理和数学角度看，图像是记录物体辐射能量的空间分布，这个分布是空间坐标、时间坐标和波长的函数，即 $I = f(x, y, z, \lambda, t)$，其中，$x$、$y$、$z$ 是空间坐标，λ 是波长，t 是时间，I 是像素点的强度。通常，一幅图像可以被看成是空间各个坐标点彩色强度的集合。对于静止图像，I 与时间 t 无关；对于单色图像，波长 λ 为常数；对于平面图像，I 与坐标 z 无关。若图像为平面上静止的单色图像，则其数学表达式为 $I = f(x, y)$。

模拟图像 $f(x, y)$ 是连续的，即空间位置和光强变化都连续，这种图像无法用计算机处理。将代表图像的连续模拟信号转变为离散数字信号的过程称为图像信号的数字化。为了产生一幅数字图像，需要把连续的感知数据转化为数字形式，这包括两种处理：采样和量化。采样为图像空间坐标的数字化，量化为图像幅值（灰度值）的数字化。

1. 采样

连续图像是指二维坐标系中具有连续变化的，且灰度值也是无限稠密的图像，又称为模拟图像。离散图像是指用一个数字阵列（该阵列的每一个元素称为像素）表示的图像，又称为数字图像。将空域上或时域上连续的图像变换成离散采样点集合的操作称为采样。由于图像基本是采取二维平面信息的分布式来描述的，所以为了对它进行采样操作，需要先将二维信号变成一维信号，再对一维信号进行采样。换句话说，就是将二维采样转换为两次一维采样来实现。

具体做法是，先沿垂直方向按一定间隔从上到下顺序地沿水平方向直线扫描，取出各水平线上灰度值的一维扫描；再对一维扫描线信号按一定间隔采样得到离散信号，即先沿垂直方向采样，再沿水平方向采样，从而完成采样。采样后得到的二维离散信号的最小单位就是像素，一般情况下，水平方向和垂直方向的采样间隔相同。对于时域上的连续图像，需要先在时间轴上采样，再沿垂直方向采样，最后沿水平方向采样。在进行采样时，采样间隔的选取是一个非常重要的问题，决定了采样后的图像，忠实地反映原始图像的程度。或者说，采样间隔的选取要根据原始图像中包含何种程度的细微浓淡变化来确定。一般来说，图像中的细节越多，采样间隔应越小。采样间隔应该满足采样定理，即当对一个信号进行采样时，采样频率必须大于该信号带宽的 2 倍以上才能确保通过采样值完全重构原来的信号。采样示意图如图 2.9 所示。

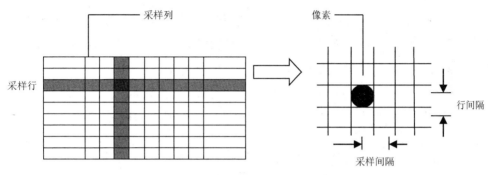

图 2.9　采样示意图

2．量化

模拟图像经过采样后，在时间和空间上离散化为像素，但采样所得的像素值（灰度值）仍是连续量，把采样后所得的各像素的灰度值从模拟量转换到离散量的过程称为图像灰度的量化。量化等级越多，所得图像层次越丰富，灰度分辨率高，图像质量好，但数据量大；量化等级越少，图像层次欠丰富，灰度分辨率低，会出现假轮廓现象，图像质量变差，但数据量小。量化级数一般取 2 的 n 次幂，充分考虑人眼的识别能力之后，目前非特殊用途的图像均为 8bit 量化，即 2^8，采用 0～255 的范围描述"从黑到白"，0 和 255 分别对应亮度的最低和最高级别。

量化可以分为均匀量化和非均匀量化。均匀量化就是简单地把采样值的灰度范围等间隔地分割并进行量化，对于像素灰度值在黑白范围分布较均匀的图像，这种方法可以得到较小的量化误差，该方法也叫作线性量化。为了减小量化误差，引入了非均匀量化的方法。非均匀量化依据一幅图像具体的灰度值分布的概率密度函数，按总的量化误差最小原则来进行量化。具体做法是：对于图像中像素灰度值频繁出现的灰度值范围，量化间隔取小一些；而对于那些像素灰度值极少出现的范围，则量化间隔取大一些。显然，在需要以少的数据量来描述图像的场合，可以采用非均匀量化技术，以达到使用尽量少的数据使所描述的图像效果尽可能地好。

对于一幅特定的图像，根据其灰度值的分布特征，在较少的量化级数下，采用非均匀量化技术的效果一定比均匀量化的效果好。但是，当允许量化级数比较多时，因为均匀量化已经足够对图像的细节进行描述，采用非均匀量化的效果不明显，只会徒增量化算法的复杂度，所以这种情况下多采用均匀量化。实际上，由于图像灰度值的概率分布密度函数因图像不同而异，所以不可能找到一个适用于不同图像的最佳非等间隔量化方案。因此，实用上一般采用等间隔量化。

2.3.2　数字图像的表示方法

从客观景物得到的图像是二维的，因此，一幅图像可以用一个二维数组 $f(x, y)$ 来表示，这里的 x 和 y 表示二维空间中的一个坐标点的位置，f 值代表图像在点 (x, y) 处的某种性质的数值。把数字图像表示成矩阵的优点在于能应用矩阵理论对图像进行分析处理。在表示数字图像的能量、相关等特性时，采用图像的矢量（向量）表示比用矩阵表示方便。

一幅 $m \times n$（单位为像素）的数字图像可用矩阵表示为

$$F = \begin{bmatrix} f(0,0) & f(0,1) & \dots & f(0,n-1) \\ f(1,0) & f(1,1) & \dots & f(1,n-1) \\ \vdots & \vdots & \dots & \vdots \\ f(m-1,0) & f(m-1,1) & \dots & f(m-1,n-1) \end{bmatrix} \quad (2.11)$$

数字图像中的每一个像素对应于矩阵中相应的元素。若按行的顺序排列像素，使该图像的后一行的第一个像素紧接前一行的最后一个像素，则可以将该幅图像表示成 $1 \times mn$ 的列向量 f：

$$f = \left[f_0, f_1, \dots f_{m-1} \right]^{\mathrm{T}} \quad (2.12)$$

式中，$f_i = \left[f(i,0), f(i,1), \dots, f(i,n-1) \right]^{\mathrm{T}}$，$i = 0,1,\dots,m-1$。

这种表示方法的优点在于，在对图像进行处理时，可以直接利用向量分析的有关理论和方法。在构成向量时，既可以按行的顺序，又可以按列的顺序。注意：选定一种顺序以后，后面的处理都要与之保持一致。

经过采样和量化，图像表示为离散的像素矩阵。根据量化级数的不同，每个像素点的取值也表示为不同范围的离散值，对应不同的图像类型。图像有许多种分类方法，按照图像的动态特性，可以分为静止图像和运动图像；按照图像的色彩，可以分为灰度图像和彩色图像；按照图像的维数，可以分为二维图像、三维图像和多维图像。本节重点介绍二值图像、灰度图像、彩色图像、索引图像。

1．二值图像

二值图像是指图像的每个像素只能是黑或白，没有中间的过渡，故又称为黑白图像。二值图像的像素值为 0、1，其表示形式为 $f(x, y) = 0,1$，如图 2-10 所示。二值图像一般不用来表示自然图像，但因其易于运算，所以多用于图像过程后的图像表示，如用二值图像表示检测到的目标模板、进行文字分析、应用于一些工业机器视觉系统等。

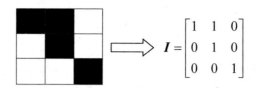

图 2.10　二值图像

2. 灰度图像

灰度图像是指每个像素的信息都由一个量化的灰度级来描述的图像，没有彩色信息，每个像素点呈现强度不一的灰色，数值表示为 0～255 之间的数，其表示形式为 $0 \leqslant f(x, y) \leqslant 2^n - 1$，如图 2.11 所示。灰度图像没有色彩，一般也不用于表示自然图像。因为灰度图像数据量较少，方便处理，所以很多图像处理算法都是面向灰度图像进行的，彩色图像处理的很多算法也是在灰度图像的基础上发展而来的。

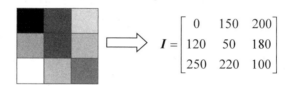

图 2.11　灰度图像

3. 彩色图像

彩色图像的数据不仅包含亮度信息，还包含颜色信息。颜色的表示方法是多样化的，最常见的是 RGB 模型，通过调整 RGB 三原色的比例可以合成很多种颜色。彩色图像中每个像素的信息都是由 RGB 三原色构成的，其中，RGB 是由不同的灰度级来描述的。在 RGB 图像中，每个像素都由红、绿和蓝 3 个字节组成，每个字节为 8bit，表示 0 到 255 之间的不同亮度值，如图 2.12 所示，这 3 个字节组合可以产生 1670 万种不同的颜色。彩色图像色彩丰富，信息量大，目前，数码产品获取的图像一般为彩色图像。

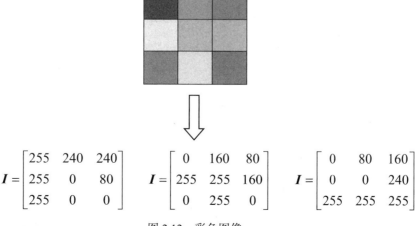

图 2.12　彩色图像

4. 索引图像

索引图像除存放图像的二维矩阵外，还包括一个颜色索引矩阵，即数据矩阵和一个颜色映射矩阵。颜色映射矩阵是一个 $m×3$ 的数据阵列，其中每个元素的值均为[0,1]区间的双精度浮点型数据，其每一行分别表示红色、绿色和蓝色的颜色值。图像中的像素颜色由数据矩阵作为索引指向颜色映射矩阵进行索引。调色板通常与索引图像存储在一起，在装载图像时，调色板将和图像一同自动装载。

2.4　数字图像的数值描述

所谓数字图像的数值描述，就是指如何用一个数值方式来表示一幅图像。因为矩阵是二维的，所以可以用矩阵描述数字图像。前面说到，量化值是整数，因此，描述数字图像的矩阵一般是整数矩阵。

2.4.1　矩阵坐标系与直角坐标系

矩阵是按照行列的顺序来定位数据的，但是图像是在平面上定位数据的，因此有一个坐标系定义上的特殊性。为了方便编程，这里以坐标系的形式定义图像的坐标，如图 2.13 所示。

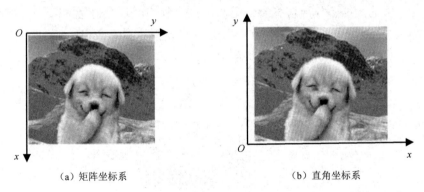

（a）矩阵坐标系　　　　　　　　　　　（b）直角坐标系

图 2.13　矩阵坐标系与直角坐标系

1. 矩阵坐标系

上面提到，矩阵按行列顺序定位数据。矩阵坐标系原点定位在左上角，一幅图像 $f(x,y)$，x 表示行，垂直向下；y 表示列，水平向右。在 MATLAB 中，数字图像的表示采用矩阵方式，通常在屏幕显示中采用。

2. 直角坐标系

直角坐标系原点定位在左下角，一幅图像 $f(x,y)$，x 表示列，水平向右；y 表示行，垂直向上。BMP 图像数据在存储时，从左下角开始，从左到右，从上到下，实际采用的就是直角坐标系表示方式。

通常，表示图像的二维数组是连续的，将连续参数 x、y 和 f 取离散值后，图像被分割成很多小的网格，每个网格就是一个像素，每个像素都具有独立的属性。一个像素最少具有两个属性，即像元的位置 (x,y) 和灰度值（F）。其中，位置由像元所在的行列坐标决定，通常用坐标对 (x,y) 表示。

2.4.2 数字图像的数据结构

数字图像的存储一般包括两部分，即文件头和图像数据。文件头是图像的自我说明，应包含图像的维数、类型、创建日期和某类标题，也可以包含用于解释像素值的颜色表或编码表，甚至包含如何建立和处理图像的信息。图像数据一般指像素颜色值或压缩后的数据。

数字图像的数据结构是指数字图像像素灰度的存储方式，常用方式是将图像各像素灰度值用一维或二维数组相应的各元素加以存储。此外，还有比特面、分层结构、树结构等其他方式。

1. 二维数组

把数字图像中各像素的值对应于二维数组相应的各元素加以存储的方式称为二维数组方式。这种方式适于灰度级大的浓淡图像的存储，因为在通用计算机中容易处理，所以是最常采用的。

2. 比特面

把图像存储到能按比特进行存取的二维数组中即比特面方式。对于 n 比特的浓淡图像，要准备 n 个比特面。在比特面 k 中，存储的是以二维形式排列着的各个像素值的第 k 比特（0 或 1）的数据。另外，还有 n 个同样大小的二维数组，把它作为 n 个比特面考虑，从而把二维图像存储到各比特面中。当以比特面作为单位进行处理时，优点是能够在各面间进行高效率的逻辑运算存储、设备利用率高等，但也存在对浓淡图像的处理耗费时间的问题。

3. 分层结构

对于原始图像，如通过依次生成分辨率各不相同的图像，就可以使数据表示具有与分辨率有关的分层性。这种数据称为分层结构，具有代表性的有锥形结构。

锥形结构是将由 $2^k \times 2^k$ 个像素形成的图像看成是分辨率不同的 $k+1$ 幅图像的层次集合。从输入图像 I_0 开始，顺序产生像素数纵横都变为 1/2 的图像 $I_1, I_2, \cdots$。此时，作为图像 I_L 的各像素的值就是它前一幅图像 I_{L-1} 相应的 2×2 像素的平均值。

具体来说，在处理具有这样结构的数据时，首先对像素数少，即分辨率低的图像进行处理，然后根据需要进到下面的像素数多的图像的对应位置，使用较细的信息进行处理。这比起只对原始图像进行处理的场合，可以采用先用粗图像进行处理并限定应该仔细进行处理的范围的方法，可使处理的效率得到提高。

4．树结构

对于二值图像，横纵都接连不断地二等分，如果被分割部分的图像中全体都变成白色或黑色时，则这一部分不再分割。当采用这种方法时，可以把图像用树结构表示，可以用在特征提取和信息压缩等方面。

2.4.3 常见的数字图像格式

数字图像格式指的是数字图像存储文件的格式。不同文件格式的数字图像的压缩方式、存储容量及色彩表现不同，在使用中也有差异。同一幅图像可以用不同的格式存储，但不同格式包含的图像信息并不完全相同，图像质量也不同，文件大小也有很大差别。每种图像格式都有自己的特点，有的图像质量好，包含的信息多，但是存储空间大；有的压缩率较高，图像完整，但占用空间较小。至于在什么场合使用哪种格式的图像，应由每种格式的特性来决定。

常见的图像格式有 BMP 格式、GIF 格式、JPEG 格式、PNG 格式、TIFF 格式等。

1．BMP 格式的图像文件

BMP（Bitmap）格式又称为位图文件格式，是 Windows 中的标准图像文件格式，Windows 环境下运行的所有图像处理软件都支持这种格式，以 ".bmp" 作为文件扩展名。BMP 格式的图像文件的特点是不进行压缩处理，具有极其丰富的色彩，图像信息丰富，能逼真地表现真实世界。因此，BMP 格式的图像文件的尺寸比其他格式的图像文件的尺寸相对要大得多，不适宜在网络上传输。BMP 格式的文件在多媒体课件中主要用于教学情境创设、表达教学内容和提高课件的视觉效果等。

2．GIF 格式的图像文件

GIF 格式（Graphics Interchange Format）是 CompuServe 公司于 1987 年推出的，主要是为网络传输和 BBS 用户使用图像文件而设计的，其扩展名是 ".gif"，是在各种平台的各种图形处理软件上均能够处理的、经过压缩的一种图像文件格式。GIF 格式的图像文件的特点是压缩比高、磁盘空间占用较小、适宜网络传输，因此，这种图像广泛应用在网络教学中。GIF 格式的图像文件的不足是最多只能处理 256 种色彩，图像存在一定的失真，适合在对图像质量要求不高的多媒体课件中使用。

3．JPEG 格式的图像文件

JPEG 格式是联合图像专家组标准的产物。由于其高效的压缩效率和标准化要求，目前已广泛用于彩色传真、静止图像、电话会议、印刷及新闻图片的传送上。JPEG 格式的图像文件的扩展名是 ".jpg"。JPEG 格式的图像文件的优点是有着非常高的压缩比率,适合在网络中传输;使用 24 位色彩深度,使图像保持真彩;技术成熟,已经得到所有主流浏览器的支持。JPEG 格式的图像文件的缺点是压缩算法是有损压缩,会造成图像画面少量失真;不支持任何透明方式。这种格式的图像文件是多媒体课件和主题学习网站中最常用的一种数字图像文件。

4. PNG 格式的图像文件

PNG(Portable Network Graphics)格式是一种新兴的网络图像格式,适用于色彩丰富复杂、图像画面要求高的情况,如作品展示等。大部分绘图软件和浏览器都支持 PNG 图像浏览,其扩展名为 ".png"。PNG 是目前保证最不失真的图像格式,它汲取了 GIF 和 JPG 二者的优点,存储形式丰富,兼有 GIF 和 JPEG 的色彩模式(第一个特点);第二个特点是能把图像文件压缩到极限以利于网络传输,但又能保留所有与图像品质有关的信息;第三个特点是显示速度很快,只需下载 1/64 的图像信息就可以显示出低分辨率的预览图像;第四个特点是支持透明图像的制作。PNG 的缺点是不支持动画应用效果。PNG 图像文件格式是 Macromedia 公司的 Fireworks 软件的默认图像文件格式。

5. TIFF 格式的图像文件

TIFF(Tag Image File Format)是由 Aldus 公司(现已被 Adobe 公司收购)开发的,用于存储照片和艺术图在内的图像,其扩展名采用 ".tif"。此图像格式复杂,存储内容多,占用存储空间大,是 GIF 图像的 3 倍,是相应的 JPEG 图像的 10 倍,现在 Windows 主流的图像应用程序都支持此格式。TIFF 是一种灵活的、适应性强的文件格式,通常在文件表头中使用标签。它能够在一个文件中处理多幅图像和数据,可采用多种压缩数据格式,如 TIFF 可以包含 JPEG 和行程长度编码压缩的图像。TIFF 文件为无损压缩文件,压缩率低;但是其画质高于 JPEG 格式的画质。

2.5 像素间的一些基本关系

本节主要介绍数字图像中像素间的一些基本关系,包括像素间的邻接性和连通性、像素间的距离函数等。在这里,一幅图像用 $f(x,y)$ 表示,当指特殊像素时,用小写字母(如 p 和 q)表示。

2.5.1 相邻像素

对一个坐标为 (x,y) 的像素 p,它有 4 个邻近像素,沿水平和垂直方向,它们的坐标分别是 $(x+1,y)$,$(x-1,y)$,$(x,y+1)$,$(x,y-1)$,如图 2.14 所示,这些像素称为像素 p 的

4-邻接，用 $N_4(p)$ 表示。

	$(x-1, y)$	
$(x, y-1)$	(x, y)	$(x, y+1)$
	$(x+1, y)$	

图 2.14　邻接示意图

对一个坐标为 (x, y) 的像素 p，它有 4 个沿对角线的邻近像素，它们的坐标分别是 $(x-1, y-1)$，$(x-1, y+1)$，$(x+1, y-1)$，$(x+1, y+1)$，如图 2.15 所示，这些像素称为像素 p 的对角-邻接，用 $N_D(p)$ 表示。

$(x-1, y-1)$		$(x-1, y+1)$
	(x, y)	
$(x+1, y-1)$		$(x+1, y+1)$

图 2.15　对角-邻接示意图

4-邻接和对角-邻接统称为 p 的 8-邻接，用 $N_8(p)$ 表示。

2.5.2　邻接性和连通性

像素间的连通性在建立图像中目标的边界和确定区域的元素时是一个重要的概念。为了确定两个像素是否连通，必须确定它们是否相邻及它们的灰度是否满足特定的相似性准则，或者说，它们的灰度值是否相等。

令 V 表示定义邻接的灰度值集合。在二值图像中，如果把具有 1 值的像素归入邻接，则 $V = \{1\}$。在灰度图像中，概念是一样的，但是集合 V 一般包含更多的元素。例如，对于具有可能的灰度值在 0 到 255 范围内的像素的邻接性，集合 V 可能是这 256 个值的任何一个子集。考虑以下 3 种类型的邻接性。

（1）4-邻接：两个像素 p 和 q 在 V 中取值且 q 在 $N_4(p)$ 中。

（2）8-邻接：两个像素 p 和 q 在 V 中取值且 q 在 $N_8(p)$ 中。

（3）m 邻接（混合邻接）：两个像素 p 和 r 在 V 中取值，且满足下列条件之一：r 在 $N_4(p)$ 中；r 在 $N_D(p)$ 中且 $N_4(p) \bigcap N_4(r)$ 不包含 V 中取值的像素，即该集合是由 p 和 r 在 V 中取值的 4-邻接像素组成的。

$V=\{1\}$时的 m 连接如图 2.16 所示。

	a		
b	p	c	
	d	r	e
		f	

	1		
1	1	0	
	0	1	0
		1	

	1		
1	1	1	
	0	1	0
		1	

图 2.16　$V=\{1\}$时的 m 连接

从具有坐标 (x,y) 的像素 p 到具有坐标 (s,t) 的像素 q 的一条通路是由一系列具有坐标为 $(x_0,y_0),(x_1,y_1),\cdots,(x_n,y_n)$ 的独立像素组成的，其中，(x_i,y_i) 和 (x_{i+1},y_{i+1}) 相邻接。根据邻接的定义，分别称为 4-邻接、8-邻接、m 邻接。若从 p 到 q 有一条通路，则称它们相连通。

如果像素 p 和 q 是图像子集 S 中的元素，且存在一条完全由 S 中的像素组成的从 p 到 q 的通路，则称 p 和 q 在 S 中是连通的。对于 S 中的任意像素 p，S 中连通到 p 的所有像素的集合称为 S 的连通元素。

2.5.3　距离度量

像素之间的关系常与像素在空间的接近程度有关。像素在空间的接近程度可以用像素之间的距离来度量。要测量距离，需要定义距离度量函数。给定 3 个像素 p，q，r，其坐标分别为(x,y)，(x,t)，(u,v)，如果满足以下 3 个条件：① $D(p,q)\geqslant 0$（$D(p,q)=0$，当且仅当 $p=q$）；② $D(p,q)=D(q,p)$；③ $D(p,r)\leqslant D(q,p)+D(q,r)$，则 D 是距离函数或度量。

p 和 q 之间的欧氏距离定义为

$$D_e(p,q)=[(x-s)^2+(y-t)^2]^{\frac{1}{2}} \tag{2.13}$$

根据这个距离度量，与点(x,y)的距离小于或等于某一值 d 的像素组成以(x,y)为中心，以 d 为半径的圆。

p 和 q 之间的 D_4 距离（也叫城市街区距离）定义为

$$D_4(p,q)=|x-s|+|y-t| \tag{2.14}$$

根据这个距离度量，与点(x,y)的 D_4 距离小于或等于某一值 d 的像素组成以(x,y)为中心的菱形。例如，与点(x,y)的 D_4 距离小于或等于 2 的像素形成如图 2.17（a）所示的轮廓。

p 和 q 之间的 D_8 距离（也叫棋盘距离）定义为

$$D_8(p,q)=\max(|x-s|,|y-t|) \tag{2.15}$$

根据这个距离度量，与点(x,y)的D_8距离小于或等于某一值 d 的像素组成以(x,y)为中心的方形，如图 2.17（b）所示。

必须指出，p 和 q 之间的D_4与D_8距离与任何通路都无关，仅与两点的坐标有关。对于 m 邻接，两点之间的 D_m 距离（通路的长度）将依赖于沿通路的像素，以及它们的邻接像素的值。

		2		
	2	1	2	
2	1	0	1	2
	2	1	2	
		2		

（a）d=2 的 D_4 距离

2	2	2	2	2
2	1	1	1	2
2	1	0	1	2
2	1	1	1	2
2	2	2	2	2

（b）d=2 的 D_8 距离

图 2.17　等距离轮廓示例

2.6　课程思政

李克强曾经说过：“不管你将来从事什么职业，有什么样的志向，一定要注意加强基础知识的学习。打牢基本功和培育创新能力是并行不悖的。”本章主要讲解与数字图像处理密切相关的基本概念和基础知识，正是学习数字图像处理的基础，因此，本章也是为学生打基础的重点。让学生从国家领导人的话中理解本章知识对整体数字图像处理的影响和作用，强调学习本章的重要性。同时，培养学生打基础、重基本的意识，千里之行、始于足下，打好人生的基础也是每个人必备的人生准则。

本章小结

本章从介绍视觉和感知要素入手，主要介绍了以下几方面的内容。

1．色度学基础与颜色模型

色彩具有 3 个基本属性：色调、饱和度和亮度。

常见的颜色模型有 RGB 模型、HSI 模型、CMYK 模型、YIQ 模型、YUV 模型。

2．数字图像的生成与表示

图像信号的数字化包括采样和量化。

数字图像可以用二值图像、灰度图像、彩色图像、索引图像表示。

3．数字图像的数值描述

常见的数字图像格式有 BMP 格式、GIF 格式、JPEG 格式、PNG 格式、TIFF 格式等。

4．像素间的一些基本关系

在数字图像中，像素间的一些基本关系包括像素间的邻接性和连通性、像素间的距离函数等。

练习二

一、填空题

1．色彩的 3 个基本属性是_____、_____、_____。

2．常见的数字图像文件格式有_____、_____、_____、_____、_____。

3．对一幅特定内容的图像，采样间隔越大，图像质量越_____，量化等级越多，图像质量越_____。

4．一幅灰度图像，用 8bit 量化，取值范围为[0,255]，其中，0 表示_____，255 表示_____。

5．在 HIS 模型中，H 表示_____，I 表示_____，S 表示_____。

二、选择题

1．表示一幅灰度图像，一般用（　　）。

A．一个常数　　　　B．二维矩阵　　　　C．三维矩阵　　　　D．一个变量

2．m 邻接是为了消除像素间连接的（　　）。

A．相同　　　　B．向异　　　　C．歧义　　　　D．相容

3．从连续图像到数字图像，需要（　　）。

A．图像灰度级设定　　　　　　　　B．图像分辨率设定

C．确定图像的存储空间　　　　　　D．采样和量化

4．一幅图像在采样时，行、列的采样点与量化（　　）。

A．既影响数字图像的质量，又影响数据量的大小。

B．不影响数字图像的质量，只影响数据量的大小。

C．只影响数字图像的质量，不影响数据量的大小。

D．既不影响数字图像的质量，又不影响数据量的大小。

5．下面哪个色彩空间最接近人的视觉系统的特点（　　　）。

A．RGB 色彩空间　　B．CMY 色彩空间　　　C．CMYK 色彩空间　　D．HSI 色彩空间

三、简答题

1．简要描述人类视觉系统的组成和光学成像过程。

2．什么是马赫带现象？

3．当我们在白天进入一家黑暗的剧场时，从能看清到找到空座需要一段时间，请说明原因。

4．什么是 RGB 模型？什么是 HSI 模型？两者之间怎样进行转换？

5．图像亮度函数 $I = f(x, y, z, \lambda, t)$ 中各个参数的具体含义是什么？

6．图像信号的数字化包括哪些步骤？分别是什么？

7．常见的数字图像格式有哪些？不同的文件格式对应的不同文件扩展名分别是什么？

第3章 图像变换

本章导读

图像变换是图像处理的一种有效工具，广泛应用于图像滤波、图像压缩与图像描述等领域。在变换域中，图像能量集中分布在低频分量上，边缘和线信息反映在高频分量上。因此，图像变换可以使图像处理问题得到简化，有利于图像特征的提取。本章主要介绍图像正交变换的一般方法，包括离散傅里叶变换、离散余弦变换、沃尔什—哈达玛变换、霍特林变换、小波变换。读者应理解图像正交变换中的一般方法及其在图像处理中的应用等。

本章要点

- 离散傅里叶变换：一维离散傅里叶变换、二维离散傅里叶变换。
- 离散余弦变换：一维离散余弦变换、二维离散余弦变换。
- 沃尔什—哈达玛变换：沃尔什变换、哈达玛变换。
- 霍特林变换。
- 小波变换：连续小波变换、离散小波变换。

3.1 离散傅里叶变换

傅里叶变换（Fourier Transform，FT）是指能将非周期函数（在曲线有限的情况下）用正弦和（或）余弦乘以加权函数的积分来表示，目的是将时域上的信号转变为频域上的信号，随着域的不同，对同一个事物的了解角度也就随之改变，因此，在时域中某些不好处理的地方，在频域就可以较为简单地处理。离散傅里叶变换（Discrete Fourier Transform，DFT）与离散傅里叶反变换（Inverse Discrete Fourier Transform，IDFT）在数字图像处理中应用广泛。

3.1.1 一维离散傅里叶变换

对于一维离散函数 $f(x)$，其傅里叶变换定义为

$$F(u) = \sum_{x=0}^{N-1} f(x) e^{-j2\pi ux/N} \quad (x, u=0, 1, 2, \cdots, N-1) \tag{3.1}$$

离散傅里叶反变换定义为

$$f(x) = \frac{1}{N}\sum_{u=0}^{N-1}F(u)\mathrm{e}^{\mathrm{j}2\pi ux/N} \tag{3.2}$$

$f(x)$ 与 $F(u)$ 称为离散傅里叶变换对，表示为 $f(x) \leftrightarrow F(u)$。在离散有限值的情况下，傅里叶变换和傅里叶反变换始终存在。

众所周知，欧拉公式是三角函数和 e 为底的指数函数的互转桥梁。因此，根据欧拉公式 $\mathrm{e}^{\mathrm{j}\theta} = \cos\theta + \mathrm{j}\sin\theta$，可得

$$F(u) = \sum_{x=0}^{N-1}f(x)[\cos 2\pi ux/N - \mathrm{j}\sin 2\pi ux/N] \tag{3.3}$$

由式（3.3）可知，每个 $F(u)$ 由 $f(x)$ 与对应频率的正弦和余弦乘积的和组成。傅里叶变换的极坐标表示为

$$F(u) = R(u) + \mathrm{j}I(u) \text{ 或 } F(u) = |F(u)|\mathrm{e}^{\mathrm{j}\varphi(u)} \tag{3.4}$$

式中，$R(u)$ 和 $I(u)$ 分别是 $F(u)$ 的实部与虚部。

一维离散傅里叶变换的幅度谱、相位谱和能量谱分别如下。

幅度谱：$|F(u)| = \sqrt{R^2(u) + I^2(u)}$。

相位谱：$\varphi(u) = \arctan\dfrac{I(u)}{R(u)}$。

能量谱：$E(u) = R^2(u) + I^2(u)$。

u 值决定了变换的频率成分，因此，$F(u)$ 覆盖的域（u 值）称为频域，其中每一项都被称为离散傅里叶变换的频率成分，与 $f(x)$ 的时间域和时间成分相对应。

3.1.2　一维快速傅里叶变换

快速傅里叶变换（Fast Fourier Transformation，FFT）不是一种新的变换，而是离散傅里叶变换的快速算法。设 N 点的指数因子 $W_N^{ux} = \mathrm{e}^{-\mathrm{j}2\pi ux/N}$（$u$=0, 1, 2,…, $N-1$），则

$$F(u) = \sum_{x=0}^{N-1}f(x)W_N^{ux} \tag{3.5}$$

指数因子具有明显的周期性和对称性，其周期性表现为

$$W_N^{u+kN} = \mathrm{e}^{-\mathrm{j}\frac{2\pi}{N}(u+kN)} = \mathrm{e}^{-\mathrm{j}\frac{2\pi}{N}u} = W_N^u \tag{3.6}$$

其对称性表现为

$$W_N^{-u} = W_N^{N-u}, \quad W_N^{u+\frac{N}{2}} = -W_N^u \tag{3.7}$$

考虑 $f(x)$ 为复数序列的一般情况，计算 $F(u)$ 的所有 N 个值，共需要 N^2 次复数乘法运

算和 $N(N-1)$ 次复数加法运算。当 $N \gg 1$ 时，$N(N-1) \approx N^2$。由此可知，N 点离散傅里叶变换的乘法运算和加法运算次数均为 N^2。显然，把 N 点长序列的离散傅里叶变换分解为几个较短序列的离散傅里叶变换，可使乘法运算次数大大减少。

指数因子表现为 $W_{2N}^k = \mathrm{e}^{-\mathrm{j}\frac{2\pi}{2N}k} = \mathrm{e}^{-\mathrm{j}\frac{2\pi}{N} \cdot \frac{k}{2}} = W_N^{k/2}$，此时离散傅里叶变换可以表示为

$$F(u) = \sum_{x=0}^{N/2-1} f(2x) W_{N/2}^{ux} + \sum_{x=0}^{N/2-1} f(2x+1) W_{N/2}^{ux} W_N^u \tag{3.8}$$

令 $M = N/2$，$0 \leqslant u \leqslant M$，有

$$F(u) = \sum_{x=0}^{M-1} f(2x) W_M^{ux} + \sum_{x=0}^{M-1} f(2x+1) W_M^{ux} W_N^u \tag{3.9}$$

$$= F_{\mathrm{even}}(u) + W_N^u F_{\mathrm{odd}}(u)$$

$$F(u+M) = F_{\mathrm{even}}(u+M) + W_N^u F_{\mathrm{odd}}(u+M) \tag{3.10}$$

$$= F_{\mathrm{even}}(u) - W_N^u F_{\mathrm{odd}}(u)$$

可见，将原函数 $F(u)$ 分成奇数项 $F_{\mathrm{odd}}(u)$ 和偶数项 $F_{\mathrm{even}}(u)$，通过不断地一个偶数一个奇数的相加（减），最终得到需要的结果。

3.1.3　二维离散傅里叶变换

二维离散傅里叶变换是由一维离散傅里叶变换推广而来的。数字图像是二维的，一幅图像尺寸为 $M \times N$ 的函数 $f(x, y)$，其离散傅里叶变换定义为

$$F(u,v) = \sum_{x=0}^{M-1} \sum_{y=0}^{N-1} f(x,y) \mathrm{e}^{-\mathrm{j}2\pi(ux/M + vy/N)} \quad (x, u = 0, 1, \cdots, M-1, \quad y, v = 0, 1, \cdots, N-1) \tag{3.11}$$

二维离散傅里叶反变换定义为

$$f(x,y) = \frac{1}{MN} \sum_{u=0}^{M-1} \sum_{v=0}^{N-1} F(u,v) \mathrm{e}^{\mathrm{j}2\pi(ux/M + vy/N)} \tag{3.12}$$

$(u,v) = (0,0)$ 位置上的离散傅里叶变换值为

$$F(0,0) = \frac{1}{MN} \sum_{x=0}^{M-1} \sum_{y=0}^{N-1} f(x,y) = \overline{f}(x,y) \tag{3.13}$$

即 $f(x, y)$ 的均值，原点 $(0,0)$ 的离散傅里叶变换是图像的平均灰度。$F(0,0)$ 称为频率谱的直流分量，其他 $F(u,v)$ 值称为交流分量。在图像处理中，一般选择方阵，即取 $M=N$。

$F(u,v)$ 一般为复数，表示为

$$F(u,v) = R(u,v) + \mathrm{j}I(u,v) \tag{3.14}$$

二维离散傅里叶变换的幅度谱、相位谱和能量谱分别如下。

幅度谱：$|F(u,v)| = \sqrt{R^2(u,v) + I^2(u,v)}$。

相位谱：$\varphi(u,v) = \arctan\dfrac{I(u,v)}{R(u,v)}$。

能量谱：$E(u,v) = R^2(u,v) + I^2(u,v)$。

傅里叶变换作为一种有效的信号分析工具，其作用可总结如下。

（1）傅里叶变换将信号分成不同频率成分，类似光学中的分色棱镜把白光按波长（频率）分成不同的颜色，称为数学棱镜。

（2）傅里叶变换的成分：直流分量和交流分量。

（3）信号变化的快慢与频域的频率有关。噪声、边缘、跳跃部分代表图像的高频分量，背景区域和慢变部分代表图像的低频分量。

傅里叶变换提供了另外一个角度来观察图像，可以将图像从灰度分布转化到频率分布上，以此来观察图像的特征。也就是说，傅里叶变换提供了从空域到频率自由转换的途径。

二维离散傅里叶变换的重要性质主要有线性、可分离性、平移性、周期性和共轭对称性、旋转不变性，以及离散卷积定理。

1. 线性

二维离散傅里叶变换的线性表达式为

$$\begin{cases} f_1(x,y) \leftrightarrow F_1(u,v) \\ f_2(x,y) \leftrightarrow F_2(u,v) \end{cases} \Rightarrow c_1 f_1(x,y) + c_2 f_2(x,y) \leftrightarrow c_1 F_1(u,v) + c_2 F_2(u,v) \qquad (3.15)$$

注：u 和 v 是频域变量，x 和 y 是空域变量。

证明：

$$\begin{aligned}
&\mathrm{DFT}\Big[c_1 f_1(x,y) + c_2 f_2(x,y)\Big] \\
&= \sum_{x=0}^{M-1}\sum_{y=0}^{N-1}\Big[c_1 f_1(x,y) + c_2 f_2(x,y)\Big]\mathrm{e}^{-\mathrm{j}2\pi\left(\frac{ux}{M}+\frac{vy}{N}\right)} \\
&= c_1\sum_{x=0}^{M-1}\sum_{y=0}^{N-1} f_1(x,y)\mathrm{e}^{-\mathrm{j}2\pi\left(\frac{ux}{M}+\frac{vy}{N}\right)} + c_2\sum_{x=0}^{M-1}\sum_{y=0}^{N-1} f_2(x,y)\mathrm{e}^{-\mathrm{j}2\pi\left(\frac{ux}{M}+\frac{vy}{N}\right)} \\
&= c_1 F_1(u,v) + c_2 F_2(u,v)
\end{aligned}$$

2. 可分离性

二维离散傅里叶变换可看成是由沿 x 和 y 方向的两个一维离散傅里叶变换构成的。

证明：

$$F(u,v) = \sum_{x=0}^{M-1} \sum_{y=0}^{N-1} f(x,y) \mathrm{e}^{-\mathrm{j}2\pi\left(\frac{ux}{M}+\frac{vy}{N}\right)}$$

$$= \sum_{x=0}^{M-1} \left[\sum_{y=0}^{N-1} f(x,y) \mathrm{e}^{-\mathrm{j}2\pi\frac{vy}{N}} \right] \mathrm{e}^{-\mathrm{j}2\pi\frac{ux}{M}}$$

$$= \sum_{x=0}^{M-1} F(x,v) \mathrm{e}^{-\mathrm{j}2\pi\frac{ux}{M}}$$

式中，$F(x,v) = \sum_{y=0}^{N-1} f(x,y) \mathrm{e}^{-\mathrm{j}2\pi\frac{vy}{N}}$。

$$f(x,y) = \frac{1}{MN} \sum_{u=0}^{M-1} \sum_{v=0}^{N-1} F(u,v) \mathrm{e}^{\mathrm{j}2\pi\left(\frac{ux}{M}+\frac{vy}{N}\right)}$$

$$= \frac{1}{M} \sum_{u=0}^{M-1} \left[\frac{1}{N} \sum_{v=0}^{N-1} F(u,v) \mathrm{e}^{\mathrm{j}2\pi\frac{vy}{N}} \right] \mathrm{e}^{\mathrm{j}2\pi\frac{ux}{M}}$$

$$= \frac{1}{M} \sum_{u=0}^{M-1} F(u,y) \mathrm{e}^{\mathrm{j}2\pi\frac{ux}{M}}$$

式中，$F(u,y) = \frac{1}{N} \sum_{v=0}^{N-1} F(u,v) \mathrm{e}^{\mathrm{j}2\pi\frac{vy}{N}}$。

3. 平移性

二维离散傅里叶变换的平移性表达式为

$$f(x,y) \mathrm{e}^{\mathrm{j}2\pi\left[\frac{u_0 x}{M}+\frac{v_0 y}{N}\right]} \leftrightarrow F(u-u_0, v-v_0) \tag{3.16}$$

$$f(x-x_0, y-y_0) \leftrightarrow F(u,v) \mathrm{e}^{-\mathrm{j}2\pi\left(\frac{ux_0}{M}+\frac{vy_0}{N}\right)} \tag{3.17}$$

式（3.16）表明，将 $f(x,y)$ 与一个指数项相乘相当于把其变换后的频域中心 $F(u,v)$ 移动到新的位置 $F(u-u_0, v-v_0)$。

式（3.17）表明，将 $F(u,v)$ 与一个指数项相乘相当于把其变换后的空域中心 $f(x,y)$ 移动到新的位置 $f(x-x_0, y-y_0)$。

证明：

（1）频域移位：

$$\mathrm{DFT}\left[f(x,y) \mathrm{e}^{\mathrm{j}2\pi\left(\frac{u_0 x}{M}+\frac{v_0 y}{N}\right)} \right] = \sum_{x=0}^{M-1} \sum_{y=0}^{N-1} f(x,y) \mathrm{e}^{-\mathrm{j}2\pi\left(\frac{u_0 x}{M}+\frac{v_0 y}{N}\right)} \mathrm{e}^{-\mathrm{j}2\pi\left(\frac{ux}{M}+\frac{vy}{N}\right)}$$

$$= \sum_{x=0}^{M-1} \sum_{y=0}^{N-1} f(x,y) \mathrm{e}^{-\mathrm{j}2\pi\left(\frac{(u-u_0)x}{M}+\frac{(v-v_0)y}{N}\right)}$$

$$= F(u-u_0, v-v_0)$$

可得

$$f(x,y)\mathrm{e}^{\mathrm{j}2\pi\left(\frac{u_0 x}{M}+\frac{v_0 y}{N}\right)} \leftrightarrow F(u-u_0, v-v_0)$$

当 $u_0 = \dfrac{M}{2}$, $v_0 = \dfrac{N}{2}$ 时,有

$$\mathrm{e}^{\mathrm{j}2\pi(u_0 x/M + v_0 y/N)} = \mathrm{e}^{\mathrm{j}\pi(x+y)} = (-1)^{x+y}$$

$$\Rightarrow f(x,y)(-1)^{x+y} \leftrightarrow F\left(u-\frac{M}{2}, v-\frac{N}{2}\right)$$

也就是说,如果需要将频域的坐标原点从显示屏起始点 $(0,0)$ 移至显示屏的中心点,则只需将 $f(x)$ 乘以 $(-1)^{x+y}$ 因子后进行二维离散傅里叶变换即可实现。

(2)空域移位:

$$\mathrm{DFT}[f(x-x^0, y-y^0)]$$

$$= \sum_{x=0}^{M-1}\sum_{y=0}^{N-1} f(x-x_0, y-y_0)\mathrm{e}^{-\mathrm{j}2\pi\left(\frac{ux}{M}+\frac{vy}{N}\right)}$$

$$= \sum_{x=0}^{M-1}\sum_{y=0}^{N-1} f(x-x_0, y-y_0)\mathrm{e}^{-\mathrm{j}2\pi\left(\frac{u(x-x_0+x_0)}{M}+\frac{v(y-y_0+y_0)}{N}\right)}$$

$$= \mathrm{e}^{-\mathrm{j}2\pi\left(\frac{ux_0}{M}+\frac{vy_0}{N}\right)}\sum_{x=-x_0}^{M-1-x_0}\sum_{y=-y_0}^{N-1-y_0} f(x,y)\mathrm{e}^{-\mathrm{j}2\pi\left(\frac{ux}{M}+\frac{vy}{N}\right)}$$

$$= \mathrm{e}^{-\mathrm{j}2\pi\left(\frac{ux_0}{M}+\frac{vy_0}{N}\right)}\sum_{x=0}^{M-1}\sum_{y=0}^{N-1} f(x,y)\mathrm{e}^{-\mathrm{j}2\pi\left(\frac{ux}{M}+\frac{vy}{N}\right)}$$

$$= \mathrm{e}^{-\mathrm{j}2\pi\left(\frac{ux_0}{M}+\frac{vy_0}{N}\right)} F(u,v)$$

4. 周期性和共轭对称性

离散信号的频谱具有周期性。离散傅里叶变换和它的反变换都以傅里叶变换的点数 N 为周期。

(1)周期性:

$$\begin{cases} F(u,v) = F(u+mM, v+nN) \\ f(x,y) = f(x+mM, y+nN) \end{cases} \quad (m,n = 0, \pm 1, \pm 2, \cdots) \tag{3.18}$$

证明:

$$\begin{cases} F(u,v) = \displaystyle\sum_{x=0}^{M-1}\sum_{y=0}^{N-1} f(x,y)\mathrm{e}^{-\mathrm{j}2\pi\left(\frac{ux}{M}+\frac{vy}{N}\right)} \\ f(x,y) = \dfrac{1}{MN}\displaystyle\sum_{u=0}^{M-1}\sum_{v=0}^{N-1} F(u,v)\mathrm{e}^{\mathrm{j}2\pi\left(\frac{ux}{M}+\frac{vy}{N}\right)} \end{cases}$$

当 $\mathrm{e}^{-\mathrm{j}2\pi m}=1$ 时，有

$$\Rightarrow \begin{cases} F\left(u+mM,v+nN\right)=F\left(u,v\right) \\ f\left(x+mM,y+nN\right)=f\left(x,y\right) \end{cases}$$

（2）共轭对称性：

$$F\left(u,v\right)=F^{*}\left(-u,-v\right) \tag{3.19}$$

$$|F\left(u,v\right)|=|F\left(-u,-v\right)| \tag{3.20}$$

证明：

$$F\left(u,v\right)=\sum_{x=0}^{M-1}\sum_{y=0}^{N-1}f\left(x,y\right)\mathrm{e}^{-\mathrm{j}2\pi\left(\frac{ux}{M}+\frac{vy}{N}\right)}$$

$$=\left\{\sum_{x=0}^{M-1}\sum_{y=0}^{N-1}f\left(x,y\right)\mathrm{e}^{-\mathrm{j}2\pi\left[\frac{(-u)x}{M}+\frac{(-v)y}{N}\right]}\right\}^{*}$$

$$=F^{*}\left(-u,-v\right)$$

可见， $|F\left(u,v\right)|=|F\left(-u,-v\right)|$ ，即 $F\left(u,v\right)$ 关于原点对称。

5. 旋转不变性

如果 $f(x,y)$ 旋转了一个角度，那么 $f(x,y)$ 旋转后的图像的离散傅里叶变换也旋转了相同的角度。将 $f(x,y)$ 平面直角坐标改写成极坐标形式：

$$\begin{cases} x=r\cos\theta \\ y=r\sin\theta \end{cases}, \quad \begin{cases} u=\omega\cos\varphi \\ v=\omega\sin\varphi \end{cases} \tag{3.21}$$

替换则有

$$f(x,y)\Rightarrow f\left(r,\theta\right)\leftrightarrow F\left(\omega,\varphi\right) \tag{3.22}$$

如果 $f(x,y)$ 旋转了 ω 角度，则 $F\left(u,v\right)$ 旋转同一角度，即

$$f\left(r,\theta+\theta_{0}\right)\leftrightarrow F\left(\omega,\varphi+\theta_{0}\right) \tag{3.23}$$

证明：

$$F\left(u,v\right)=\int_{-\infty}^{\infty}\int_{-\infty}^{\infty}f\left(x,y\right)\mathrm{e}^{-\mathrm{j}2\pi\left(ux+vy\right)}\mathrm{d}x\mathrm{d}y$$

当 $\begin{cases} x=r\cos\theta \\ y=r\sin\theta \end{cases}, \begin{cases} u=\omega\cos\varphi \\ v=\omega\sin\varphi \end{cases}$ 时，有

$$F\left(\omega,\varphi\right)=\int_{0}^{\infty}\int_{0}^{2\pi}f\left(r,\theta\right)\mathrm{e}^{-\mathrm{j}2\pi\omega r\cos\left(\varphi-\theta\right)}r\mathrm{d}r\mathrm{d}\theta$$

$$F\left(\omega,\varphi+\theta_{0}\right)=\int_{0}^{\infty}\int_{0}^{2\pi}f\left(r,\theta\right)\mathrm{e}^{-\mathrm{j}2\pi r\omega\cos\left[\varphi-\left(\theta-\theta_{0}\right)\right]}r\mathrm{d}r\mathrm{d}\theta$$

$$f(r,\theta) = f(r,\theta + 2\pi)$$

$$= \int_0^\infty \int_{-\theta_0}^{2\pi - \theta_0} f(r,\theta + \theta_0) \mathrm{e}^{-\mathrm{j}2\pi r\omega\cos(\varphi-\theta)} r\,\mathrm{d}r\,\mathrm{d}\theta$$

$$= \int_0^\infty \int_0^{2\pi} f(r,\theta + \theta_0) \mathrm{e}^{-\mathrm{j}2\pi r\omega\cos(\varphi-\theta)} r\,\mathrm{d}r\,\mathrm{d}\theta$$

注：为简化旋转不变性的证明，以上用二维连续傅里叶变换进行证明（离散公式证明可参考连续情况）。

6. 离散卷积定理

卷积是空域滤波和频域滤波之间的纽带。离散卷积定义如下：

$$f(x,y) * g(x,y) = \sum_{m=0}^{M-1} \sum_{n=0}^{N-1} f(m,n) g(x-m,y-n) \tag{3.24}$$

卷积定理包括空域卷积和频域卷积。两个信号在频域上的卷积等价于空域上的相乘，即

$$\begin{cases} f(x,y) \leftrightarrow F(u,v) \\ g(x,y) \leftrightarrow G(u,v) \end{cases} \Rightarrow \begin{cases} f(x,y) * g(x,y) \leftrightarrow F(u,v) \cdot G(u,v) \\ f(x,y) \cdot g(x,y) \leftrightarrow \dfrac{1}{MN} F(u,v) * G(u,v) \end{cases}$$

证明：

（1）空域卷积：

$$\mathrm{DFT}\big[f(x,y) * g(x,y) \big]$$

$$= \mathrm{DFT}\left[\sum_{m=0}^{M-1} \sum_{n=0}^{N-1} f(m,n) g(x-m,y-n) \right]$$

$$= \sum_{m=0}^{M-1} \sum_{n=0}^{N-1} f(m,n) \mathrm{DFT}\big[g(x-m,y-n) \big]$$

$$= \sum_{m=0}^{M-1} \sum_{n=0}^{N-1} f(m,n) \mathrm{e}^{-\mathrm{j}2\pi\left(\frac{mu}{M}+\frac{nv}{N}\right)} G(u,v)$$

$$= F(u,v) \cdot G(u,v)$$

（2）频域卷积：

$$\mathrm{DFT}\big[f(x,y) \cdot g(x,y) \big]$$

$$= \mathrm{DFT}\left[\frac{1}{MN} \sum_{u'=0}^{M-1} \sum_{v'=0}^{N-1} F(u',v') \mathrm{e}^{\mathrm{j}2\pi\left(\frac{u'x}{M}+\frac{v'y}{N}\right)} g(x,y) \right]$$

$$= \frac{1}{MN} \sum_{u'=0}^{M-1} \sum_{v'=0}^{N-1} F(u',v') \mathrm{DFT}\left[\mathrm{e}^{\mathrm{j}2\pi\left(\frac{u'x}{M}+\frac{v'y}{N}\right)} g(x,y) \right]$$

$$= \frac{1}{MN} \sum_{u'=0}^{M-1} \sum_{v'=0}^{N-1} F(u',v') G(u-u',v-v')$$

$$= \frac{1}{MN} F(u,v) * G(u,v)$$

由卷积定理可知，将需要经过翻折、平移、相乘、求和等步骤实现的复杂卷积运算简化为简单的乘法运算。空域进行滤波的过程就是卷积的过程。

3.1.4　二维快速傅里叶变换

相比二维离散傅里叶变换，二维快速傅里叶变换减少了大量的计算。令指数因子 $W_M^{ux} = \mathrm{e}^{-\mathrm{j}2\pi ux/M}$，$W_N^{vy} = \mathrm{e}^{-\mathrm{j}2\pi vy/N}$，且 $x,u=0,1,\cdots,M-1$，$y,v=0,1,\cdots,N-1$，可得

$$\mathrm{e}^{-\mathrm{j}2\pi(ux/M+vy/N)} = \mathrm{e}^{-\mathrm{j}2\pi ux/M} \cdot \mathrm{e}^{-\mathrm{j}2\pi vy/N} = W_M^{ux} \cdot W_N^{vy} \qquad (3.25)$$

因此，二维快速傅里叶变换公式转为

$$F(u,v) = \sum_{x=0}^{M-1} \sum_{y=0}^{N-1} f(x,y) \cdot W_M^{ux} \cdot W_N^{vy} \qquad (3.26)$$

假设 $A(x,y) = \sum_{x=0}^{M-1} f(x,y) \cdot W_M^{ux}$，则相当于针对第 y 行的所有 $f(x,y)$ 进行一维快速傅里叶变换。

假设 $B(x,y) = \sum_{y=0}^{N-1} f(x,y) \cdot W_N^{vy}$，则相当于针对第 x 列的所有 $f(x,y)$ 进行一维快速傅里叶变换。

将 $A(x,y)$ 与 $B(x,y)$ 代入二维快速傅里叶变换公式：

$$F(u,v) = B(A(x,y)) \qquad (3.27)$$

式（3.27）相当于先求每一行的快速傅里叶变换，再求每一列的快速傅里叶变换，这样就成功地把对二维快速傅里叶变换变成了对一维快速傅里叶变换的求解。因此，二维快速傅里叶变换的求解思路为先对每一行进行一维快速傅里叶变换，再针对变换结果的每一列进行一维快速傅里叶变换。

【例 3.1】对一幅图像实施傅里叶变换，以对数方式显示其频谱及中心频谱。

【实例分析】图 3.1（a）是灰度图像（原始图像），图 3.1（b）是原频谱图，图 3.1（c）是中心频谱图。傅里叶变换的物理意义是将图像的灰度分布函数变换为图像的频率分布函数。在傅里叶频谱图上看到的明暗不一的亮点实际上是图像上某一点与邻接点差异的强弱，即该点的频率大小。把频谱移频到原点以后，可以看出图像的频率分布是以原点为圆心且对称分布的。

源代码：

```
f=imread('lena.jpg');
```

```
F=fft2(f);                              %傅里叶变换
S=log(abs(F));
Fc=fftshift(F);                         %把频谱坐标原点移至中央
Fd=log(abs(Fc));
subplot(131),imshow(f,[]),title('原始图像');
subplot(132),imshow(S,[]),title('原频谱图');
subplot(133),imshow(Fd,[]),title('中心频谱图');
```

（a）原始图像　　　　　　　（b）原频谱图　　　　　　　（c）中心频谱图

图 3.1　原始图像及傅里叶频谱图

⊿ 3.2　离散余弦变换

离散余弦变换（Discrete Cosine Transform，DCT）主要运用于数据或图像的压缩。由于离散余弦变换能够将空域上的信号转换到频域上，因此具有良好的去相关性的性能。离散余弦变换与离散傅里叶变换在某种程度上是类似的，但是它只使用实数部分。

3.2.1　一维离散余弦变换

对于离散函数 $f(x)$，其一维离散余弦变换定义为

$$F(u) = \alpha(u) \sum_{x=0}^{N-1} f(x) \cos\left[\frac{(2x+1)\pi u}{2N}\right] \quad (x, u = 0, 1, \cdots, N-1) \tag{3.28}$$

一维离散余弦反变换定义为

$$f(x) = \sum_{u=0}^{N-1} \alpha(u) \cos\left[\frac{(2x+1)\pi u}{2N}\right] \tag{3.29}$$

式中，$\alpha(u) = \begin{cases} \sqrt{\dfrac{1}{N}} & u = 0 \\[2mm] \sqrt{\dfrac{2}{N}} & 1 \leqslant u \leqslant N-1 \end{cases}$。

3.2.2　二维离散余弦变换

数字图像是二维信号，把一维离散余弦变换推广到二维离散余弦变换上。对于一个图像尺寸为 $M×N$ 的函数 $f(x,y)$，其二维离散余弦变换定义为

$$F(u,v)=\frac{2}{\sqrt{MN}}\sum_{x=0}^{M-1}\sum_{y=0}^{N-1}f(x,y)\left[\alpha(u)\cos\frac{\pi(2x+1)u}{2M}\right]\left[\alpha(v)\cos\frac{\pi(2y+1)v}{2N}\right] \tag{3.30}$$

$$x,u=0,1,\cdots,M-1,\quad y,v=0,1,\cdots,N-1$$

二维离散余弦反变换定义为

$$f(x,y)=\frac{2}{\sqrt{MN}}\sum_{u=0}^{M-1}\sum_{v=0}^{N-1}F(u,v)\left[\alpha(u)\cos\frac{\pi(2x+1)u}{2M}\right]\left[\alpha(v)\cos\frac{\pi(2y+1)v}{2N}\right] \tag{3.31}$$

式中，当 $M=N$ 时，$\alpha(u)=\alpha(v)=\begin{cases}\sqrt{\dfrac{1}{N}} & u,v=0\\[3mm]\sqrt{\dfrac{2}{N}} & 1\leqslant u,v\leqslant N-1\end{cases}$。

二维离散余弦变换的矩阵表示为

$$\boldsymbol{F}=\boldsymbol{A}\boldsymbol{f}\boldsymbol{A}^{\mathrm{T}} \tag{3.32}$$

二维离散余弦反变换的矩阵表示为

$$\boldsymbol{f}=\boldsymbol{A}^{\mathrm{T}}\boldsymbol{F}\boldsymbol{A} \tag{3.33}$$

式中，$\boldsymbol{F}$ 为变换系数矩阵；$\boldsymbol{f}$ 为空域数据矩阵；$\boldsymbol{A}$ 为正交变换矩阵，即

$$\boldsymbol{A}=\sqrt{\frac{2}{N}}\begin{bmatrix}\dfrac{1}{\sqrt{2}} & \dfrac{1}{\sqrt{2}} & \cdots & \dfrac{1}{\sqrt{2}}\\[3mm]\cos\dfrac{1}{2N}\pi & \cos\dfrac{3}{2N}\pi & \cdots & \cos\dfrac{(2N-1)}{2N}\pi\\[1mm]\vdots & \vdots & \ddots & \vdots\\[1mm]\cos\dfrac{(N-1)}{2N}\pi & \cos\dfrac{3(N-1)}{2N}\pi & \cdots & \cos\dfrac{(2N-1)(N-1)}{2N}\pi\end{bmatrix}$$

【例 3.2】一个二维数字图像矩阵如下，用矩阵算法求图像的二维离散余弦变换。

$$f=\begin{bmatrix}1 & 3 & 3 & 1\\1 & 3 & 3 & 1\\1 & 3 & 3 & 1\\1 & 3 & 3 & 1\end{bmatrix}$$

【解】

正交变换矩阵为

$$A = \frac{1}{\sqrt{2}} \begin{bmatrix} \dfrac{1}{\sqrt{2}} & \dfrac{1}{\sqrt{2}} & \dfrac{1}{\sqrt{2}} & \dfrac{1}{\sqrt{2}} \\ \cos\dfrac{1}{8}\pi & \cos\dfrac{3}{8}\pi & \cos\dfrac{5}{8}\pi & \cos\dfrac{7}{8}\pi \\ \cos\dfrac{2}{8}\pi & \cos\dfrac{6}{8}\pi & \cos\dfrac{10}{8}\pi & \cos\dfrac{14}{8}\pi \\ \cos\dfrac{3}{8}\pi & \cos\dfrac{9}{8}\pi & \cos\dfrac{15}{8}\pi & \cos\dfrac{21}{8}\pi \end{bmatrix} \approx \begin{bmatrix} 0.5 & 0.5 & 0.5 & 0.5 \\ 0.653 & 0.271 & -0.271 & -0.653 \\ 0.5 & -0.5 & -0.5 & 0.5 \\ 0.271 & -0.653 & 0.653 & -0.271 \end{bmatrix}$$

二维离散余弦变换的矩阵表示为

$$\boldsymbol{F} = \boldsymbol{A}\boldsymbol{f}\boldsymbol{A}^{\mathrm{T}}$$

$$= \begin{bmatrix} 0.5 & 0.5 & 0.5 & 0.5 \\ 0.653 & 0.271 & -0.271 & -0.653 \\ 0.5 & -0.5 & -0.5 & 0.5 \\ 0.271 & -0.653 & 0.653 & -0.271 \end{bmatrix} \begin{bmatrix} 1 & 3 & 3 & 1 \\ 1 & 3 & 3 & 1 \\ 1 & 3 & 3 & 1 \\ 1 & 3 & 3 & 1 \end{bmatrix} \begin{bmatrix} 0.5 & 0.653 & 0.5 & 0.271 \\ 0.5 & 0.271 & -0.5 & -0.653 \\ 0.5 & -0.271 & -0.5 & 0.653 \\ 0.5 & -0.653 & 0.5 & -0.271 \end{bmatrix}$$

$$= \begin{bmatrix} 8 & 0 & -4 & 0 \\ 0 & 0 & 0 & 0 \\ 0 & 0 & 0 & 0 \\ 0 & 0 & 0 & 0 \end{bmatrix}$$

【例 3.3】对一幅图像实施二维离散余弦变换，以对数方式显示其频谱。

【实例分析】图 3.2（a）是灰度图像（原始图像），图 3.2（b）是离散余弦变换频谱图。由结果可知，变换后能量主要集中在左上角，其余大部分系数接近于零，这说明离散余弦变换适用于图像压缩。

源代码：

```
f=imread('lena.jpg');
D=dct2(f);                    %余弦变换
Dc=log(abs(d));
subplot(121),imshow(f),title('原始图像');
subplot(122),imshow(Dc),title('离散余弦变换频谱图');
```

（a）原始图像　　　　　　　　　　（b）离散余弦变换频谱图

图 3.2　图像的二维离散余弦变换频谱

3.3　沃尔什-哈达玛变换

沃尔什-哈达玛变换（Walsh-Hadamard Transform，WHT）是一种典型的非正弦函数变换，采用正交直角函数作为基函数。在图像处理中，常用沃尔什—哈达玛变换来代表沃尔什或哈达玛的任意一种变换。

3.3.1　沃尔什变换

1. 一维离散沃尔什变换

对于离散函数 $f(x)$，其一维离散沃尔什变换定义为

$$W(u) = \frac{1}{N} \sum_{x=0}^{N-1} f(x) \prod_{i=0}^{N-1} (-1)^{b_i(x)b_{n-1-i}(u)} \tag{3.34}$$

一维离散沃尔什反变换定义为

$$f(x) = \sum_{i=0}^{N-1} W(u) \prod_{i=0}^{N-1} (-1)^{b_i(x)b_{n-1-i}(u)} \tag{3.35}$$

式中，$u, x = 0, 1, \cdots, N-1$；$N = 2^n$；$b_k(z)$ 是用二进制数表示的第 k 位值。

2. 二维离散沃尔什变换

对于一个图像尺寸为 $M \times N$ 的函数 $f(x, y)$，其二维离散沃尔什变换定义为

$$W(u, v) = \frac{1}{MN} \sum_{x=0}^{M-1} \sum_{y=0}^{N-1} f(x, y) \prod_{i=0}^{n-1} (-1)^{[b_i(x)b_{n-1-i}(u) + b_i(y)b_{n-1-i}(v)]} \tag{3.36}$$

二维离散沃尔什反变换定义为

$$f(x, y) = \frac{1}{MN} \sum_{u=0}^{M-1} \sum_{v=0}^{N-1} W(u, v) \prod_{i=0}^{n-1} (-1)^{[b_i(x)b_{n-1-i}(u) + b_i(y)b_{n-1-i}(v)]} \tag{3.37}$$

式中，$x, u = 0, 1, \cdots, M-1$；$y, v = 0, 1, \cdots, N-1$。

二维离散沃尔什变换的矩阵表示为

$$W = \frac{1}{N^2} GfG \tag{3.38}$$

式中，G 为 N 阶沃尔什变换核矩阵。

二维离散沃尔什反变换的矩阵表示为

$$f = GWG \tag{3.39}$$

【例 3.4】一个二维数字图像矩阵如下，求图像的二维离散沃尔什变换的矩阵表示。

$$f = \begin{bmatrix} 1 & 3 & 3 & 1 \\ 1 & 3 & 3 & 1 \\ 1 & 3 & 3 & 1 \\ 1 & 3 & 3 & 1 \end{bmatrix}$$

【解】

当 $N = 4$ 时，二维离散沃尔什变换核矩阵为

$$G = \begin{bmatrix} 1 & 1 & 1 & 1 \\ 1 & 1 & -1 & -1 \\ 1 & -1 & 1 & -1 \\ 1 & -1 & -1 & 1 \end{bmatrix}$$

因此，二维离散沃尔什变换的矩阵表示为

$$W = \frac{1}{N^2} GfG$$

$$= \frac{1}{4^2} \begin{bmatrix} 1 & 1 & 1 & 1 \\ 1 & 1 & -1 & -1 \\ 1 & -1 & 1 & -1 \\ 1 & -1 & -1 & 1 \end{bmatrix} \begin{bmatrix} 1 & 3 & 3 & 1 \\ 1 & 3 & 3 & 1 \\ 1 & 3 & 3 & 1 \\ 1 & 3 & 3 & 1 \end{bmatrix} \begin{bmatrix} 1 & 1 & 1 & 1 \\ 1 & 1 & -1 & -1 \\ 1 & -1 & 1 & -1 \\ 1 & -1 & -1 & 1 \end{bmatrix}$$

$$= \frac{1}{16} \begin{bmatrix} 32 & 0 & 0 & -16 \\ 0 & 0 & 0 & 0 \\ 0 & 0 & 0 & 0 \\ 0 & 0 & 0 & 0 \end{bmatrix} = \begin{bmatrix} 2 & 0 & 0 & -1 \\ 0 & 0 & 0 & 0 \\ 0 & 0 & 0 & 0 \\ 0 & 0 & 0 & 0 \end{bmatrix}$$

由上面的例题可知，二维离散沃尔什变换具有某种能量集中的特性，而且原始数字分布越均匀，变换后的数据就越集中于矩阵的边角上。因此，应用二维离散沃尔什变换可以压缩图像信息。

3.3.2　哈达玛变换

1. 一维离散哈达玛变换

对于离散函数 $f(x)$，其离散哈达玛变换为

$$H(u) = \frac{1}{N} \sum_{x=0}^{N-1} f(x)(-1)^{\sum_{i=0}^{n-1} b_i(x) b_i(u)} \tag{3.40}$$

离散哈达玛反变换为

$$f(x) = \sum_{x=0}^{N-1} H(u)(-1)^{\sum_{i=0}^{n-1} b_i(x) b_i(u)} \tag{3.41}$$

式中，$N = 2^n$；$u, x = 0, 1, 2, \cdots, N-1$；$b_k(z)$ 是用二进制数表示的第 k 位值。

2. 二维离散哈达玛变换

对于一个图像尺寸为 $M \times N$ 的函数 $f(x,y)$ ，其二维离散哈达玛变换定义为

$$H(u,v) = \frac{1}{N} \sum_{x=0}^{N-1} \sum_{y=0}^{N-1} f(x,y)(-1)^{\sum_{i=0}^{n-1}[b_i(x)b_i(u)+b_i(y)b_i(v)]} \tag{3.42}$$

二维离散哈达玛反变换定义为

$$f(x,y) = \frac{1}{N} \sum_{x=0}^{N-1} \sum_{y=0}^{N-1} H(u,v)(-1)^{\sum_{i=0}^{n-1}[b_i(x)b_i(u)+b_i(y)b_i(v)]} \tag{3.43}$$

式中， $x,u = 0,1,\cdots,M-1$ ； $y,v = 0,1,\cdots,N-1$ 。

二维离散哈达玛变换的矩阵表示形式为

$$\boldsymbol{F} = \boldsymbol{H}_n \boldsymbol{f} \boldsymbol{H}_n \tag{3.44}$$

二维离散哈达玛变换核矩阵 $\boldsymbol{H}_n$ 的大小为 $N \times N$ ， $N = 2^n$ ，其递推关系为

$$\boldsymbol{H}_n = \frac{1}{\sqrt{2}} \begin{bmatrix} \boldsymbol{H}_{n-1} & \boldsymbol{H}_{n-1} \\ \boldsymbol{H}_{n-1} & -\boldsymbol{H}_{n-1} \end{bmatrix} \tag{3.45}$$

其中，最低阶矩阵 $\boldsymbol{H}_1 = \dfrac{1}{\sqrt{2}} \begin{bmatrix} 1 & 1 \\ 1 & -1 \end{bmatrix}$ 。

【例 3.5】一个二维数字图像矩阵如下，求图像的二维离散哈达玛变换的矩阵表示。

$$f = \begin{bmatrix} 1 & 3 & 3 & 1 \\ 1 & 3 & 3 & 1 \\ 1 & 3 & 3 & 1 \\ 1 & 3 & 3 & 1 \end{bmatrix}$$

【解】

当 $n = 2$ 时，二维离散哈达玛变换核矩阵为

$$\boldsymbol{H}_2 = \left(\frac{1}{\sqrt{2}}\right)^2 \begin{bmatrix} \boldsymbol{H}_1 & \boldsymbol{H}_1 \\ \boldsymbol{H}_1 & -\boldsymbol{H}_1 \end{bmatrix} = \left(\frac{1}{\sqrt{2}}\right)^2 \begin{bmatrix} 1 & 1 & 1 & 1 \\ 1 & -1 & 1 & -1 \\ 1 & 1 & -1 & -1 \\ 1 & -1 & -1 & 1 \end{bmatrix}$$

因此，二维离散哈达玛变换矩阵表示为

$$\boldsymbol{F} = \boldsymbol{H}_n \boldsymbol{f} \boldsymbol{H}_n$$

$$= \frac{1}{2^2} \begin{bmatrix} 1 & 1 & 1 & 1 \\ 1 & -1 & 1 & -1 \\ 1 & 1 & -1 & -1 \\ 1 & -1 & -1 & 1 \end{bmatrix} \begin{bmatrix} 1 & 3 & 3 & 1 \\ 1 & 3 & 3 & 1 \\ 1 & 3 & 3 & 1 \\ 1 & 3 & 3 & 1 \end{bmatrix} \begin{bmatrix} 1 & 1 & 1 & 1 \\ 1 & -1 & 1 & -1 \\ 1 & 1 & -1 & -1 \\ 1 & -1 & -1 & 1 \end{bmatrix}$$

$$= \frac{1}{4} \begin{bmatrix} 32 & 0 & 0 & -16 \\ 0 & 0 & 0 & 0 \\ 0 & 0 & 0 & 0 \\ 0 & 0 & 0 & 0 \end{bmatrix} = \begin{bmatrix} 8 & 0 & 0 & -4 \\ 0 & 0 & 0 & 0 \\ 0 & 0 & 0 & 0 \\ 0 & 0 & 0 & 0 \end{bmatrix}$$

【例 3.6】对一幅图像实施二维离散哈达玛变换。

【实例分析】图 3.3（a）是灰度图像（原始图像），图 3.3（b）是哈达玛变换图像。由结果可知，变换后能量主要集中在边角，其余大部分系数接近于零，这说明哈达玛变换适用于图像压缩。

源代码：

```
f=imread('lena.jpg');
H=hadamard(512);                    %产生 512×512 哈达玛矩阵
Ha1=H'*f*H';
Ha2=Ha1/512;
subplot(121),imshow(f),title('原始图像');
subplot(122),imshow(Ha2),title('哈达玛变换图像');
```

（a）原始图像   （b）哈达玛变换图像

图 3.3 图像的二维离散哈达玛变换

3.4 霍特林变换

霍特林变换（Hotelling Transform，HT）也称为 K-L 变换，是基于图像统计特性的最佳正交变换。霍特林变换能够充分去除相关性，把有用的信息集中到数目尽可能少的主分量中，主要用于图像压缩、图像旋转、图像增强与信息融合等。

在离散情况下，设 $\boldsymbol{x} = [x_1, x_2, \cdots, x_N]^T$ 是一个 N 维随机列矢量，其各分量的二阶矩阵存在，进一步假设得到 M 个矢量采样 $[x_1, x_2, \cdots, x_M]$。

随机列矢量 $\boldsymbol{x} = [x_1, x_2, \cdots, x_N]^T$ 的霍特林变换定义为

$$\boldsymbol{y} = \boldsymbol{U}^{T}(\boldsymbol{x} - \boldsymbol{m}_x) \tag{3.46}$$

式中，m_x 为列矢量 x 的均值；U^T 为协方差矩阵 C_x 的正交矩阵，使 C_x 对角化，即

$$C_x = E\left[(x - m_x)(x - m_x)^T\right]$$

$$U^T C_x U = \begin{bmatrix} \lambda_1 & 0 & \cdots & 0 \\ 0 & \lambda_2 & \cdots & 0 \\ \vdots & \vdots & & \vdots \\ 0 & 0 & \cdots & \lambda_N \end{bmatrix}$$

在实际应用中，C_x 与 m_x 可通过样本 $[x_1, x_2, \cdots, x_M]$ 来估计，即

$$m_x = \frac{1}{M} \sum_{i=1}^{M} x_i \tag{3.47}$$

$$C_x = \frac{1}{M} \sum_{i=1}^{M} x_i x_i^T - m_x m_x^T \tag{3.48}$$

霍特林反变换为

$$x = Uy + m_x \tag{3.49}$$

霍特林变换的性质如下。

（1）霍特林变换能够充分去除相关性。

（2）霍特林变换是在均方误差最小意义下的最优变换。

（3）霍特林变换可以使变换矢量更加确定、能量更加集中。

3.5 小波变换

小波变换（Wavelet Transform，WT）是一种在有限宽度范围内进行的正交的或非正交的变换。小波变换的基函数是一种不但在频率上，而且在位置上均变化的有限的波形函数。小波变换主要应用在信号分析、语言合成、图像识别、计算机视觉、数据压缩等方面。

3.5.1 小波

1. 基本概念

设 $\phi(t)$ 为一平方可积函数，即 $\phi(t) \in L^2(\mathbb{R})$，其傅里叶变换为 $\psi(\omega)$，若 $\psi(\omega)$ 满足可容许条件（完全重构条件）：

$$C_\phi = \int_{-\infty}^{\infty} \frac{|\psi(\omega)|^2}{|\omega|} d\omega < \infty \tag{3.50}$$

则称 $\psi(t)$ 为一个基本小波或母小波。为了满足完全重构条件式，$\psi(\omega)$ 在原点必须等于0，即

$$\psi(0) = \int_{-\infty}^{\infty} \phi(t)\mathrm{d}t = 0 \qquad (3.51)$$

将函数 $\psi(t)$ 经伸缩和平移（a 为尺度参数，b 为平移参数），可得

$$\psi_{a,b}(t) = \frac{1}{\sqrt{|a|}}\phi(\frac{t-b}{a}) \qquad a,b \in \mathbb{R} \text{ 且 } a \neq 0 \qquad (3.52)$$

称 $\psi_{a,b}(t)$ 为依赖 a 和 b 的小波基函数。

小波函数必须满足以下两个条件。

（1）小波必须是振荡的。

（2）小波的振幅只能在很短的一个区间内非零。

小波变换通过平移母小波可获得信号的时间信息，而通过缩放小波的宽度（尺度）则可获得信号的频率特性。对母小波的缩放和平移操作是为了计算小波的系数，这些系数代表小波和局部信号之间的关系。

2. 常见的小波基

（1）连续哈尔小波。

哈尔（Haar）小波定义如下：

$$\phi_{\mathrm{H}}(t) = \begin{cases} 1 & 0 \leqslant t \leqslant 1/2 \\ -1 & 1/2 \leqslant t < 1 \\ 0 & \text{其他} \end{cases} \qquad (3.53)$$

哈尔小波（见图3.4）是一种最简单的正交小波，即

$$\int_{-\infty}^{\infty} \phi_{\mathrm{H}}(t)\phi_{\mathrm{H}}(t-n)\mathrm{d}x = 0 \qquad n = \pm 1, \pm 2, \cdots \qquad (3.54)$$

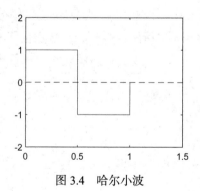

图 3.4　哈尔小波

（2）Daubechies 小波。

Daubechies（多贝西）小波简写为 DbN，N 是小波的阶数。除 $N=1$（哈尔小波）外，DbN 不具有对称性（非线性相位），没有显式表达式。但 $\{h_k\}$ 的传递函数的模的平方有显式表达式，但转化函数的平方模是明确的。

假设 $P(y) = \sum_{k=0}^{N-1} C_k^{N-1+k} y^k$ ，其中， C_k^{N-1+k} 为二项式的系数，则

$$\left| m_0(\omega) \right|^2 = (\cos^2 \frac{\omega}{2})^N P(\sin^2 \frac{\omega}{2}) \tag{3.55}$$

式中， $m_0(\omega) = \dfrac{1}{\sqrt{2}} \sum_{k=0}^{2N-1} h_k \mathrm{e}^{-ik\omega}$ 。

Db4 小波如图 3.5 所示。

（3）墨西哥草帽小波。

墨西哥草帽小波与高斯函数二阶导数成比例，定义如下：

$$\phi(t) = \left(\frac{2}{\sqrt{3}} \pi^{-1/4} \right)(1 - t^2)\mathrm{e}^{-t^2/2} \tag{3.56}$$

墨西哥草帽小波（见图 3.6）具有对称性，支撑区间是无限的。

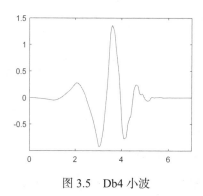

图 3.5　Db4 小波　　　　　图 3.6　墨西哥草帽小波

3.5.2　连续小波变换

1. 一维连续小波变换

对于任意函数 $f(t) \in L^2(\mathbb{R})$ 的连续小波变换为

$$W_\phi(a,b) = |a|^{-1/2} \int_{-\infty}^{\infty} f(t)\phi(\frac{t-b}{a})\mathrm{d}t \tag{3.57}$$

其重构公式（反变换）为

$$f(t) = \frac{1}{C_\phi} \int_0^\infty \int_{-\infty}^\infty \frac{1}{a^2} W_\phi(a,b)\phi(\frac{t-b}{a})\mathrm{d}a\mathrm{d}b \tag{3.58}$$

式中， $C_\phi = \int_{-\infty}^{\infty} \dfrac{|\psi(u)|}{|u|}\mathrm{d}u$ ， $\psi(u)$ 是 $\phi(t)$ 的傅里叶变换。

2. 二维连续小波变换

若 $f(x,y)$ 是一个二维函数，则它的连续小波变换定义为

$$W_f(a, b_x, b_y) = \int_{-\infty}^{+\infty} \int_{-\infty}^{+\infty} f(x,y) \phi_{a,b_x,b_y}(x,y) \mathrm{d}x\mathrm{d}y \tag{3.59}$$

式中，b_x 和 b_y 分别为在 x 轴和 y 轴上的平移。

二维连续小波反变换定义为

$$f(x,y) = \frac{1}{C_\phi} \int_0^\infty \int_{-\infty}^{+\infty} \frac{1}{a^3} W_f(a,b_x,b_y) \phi_{a,b_x,b_y}(x,y) \mathrm{d}a\mathrm{d}b_x\mathrm{d}b_y \tag{3.60}$$

式中，$\phi_{a,b_x,b_y}(x,y) = \dfrac{1}{|a|} \phi(\dfrac{x-b_x}{a}, \dfrac{y-b_y}{a})$。

3.5.3 离散小波变换

把连续小波变换中的尺度参数 a 和平移参数 b 进行离散化：$a = a_0^m$，$b = na_0^m b_0$，其中 m 和 n 均为整数。为了方便起见，设 $b_0 > 0$，则得到离散小波函数为

$$\phi_{m,n}(t) = \frac{1}{\sqrt{a_0^m}} \cdot \phi(\frac{t - nb_0 a_0^m}{a_0^m}) = a_0^{-m/2} \cdot \phi(a_0^{-m}t - nb_0) \tag{3.61}$$

离散小波变换为

$$\begin{aligned} W_\phi(m,n) &= a_0^{-m/2} \int_{-\infty}^{+\infty} f(t) \phi_{m,n}(t) \mathrm{d}t \\ &= a_0^{-m/2} \int_{-\infty}^{+\infty} f(t) \phi(a_0^{-m}t - nb_0) \mathrm{d}t \end{aligned} \tag{3.62}$$

可以看出，离散化针对的是连续的尺度参数和平移参数，而不是时间变量 t。

在图像处理中，设二维尺度函数 $\varphi(x,y)$ 和二维小波函数 $\phi^{\mathrm{H}}(x,y)$、$\phi^{\mathrm{V}}(x,y)$、$\phi^{\mathrm{D}}(x,y)$，它们分别定义为

$$\varphi(x,y) = \varphi(x)\varphi(y) \tag{3.63}$$

$$\phi^{\mathrm{H}}(x,y) = \phi(x)\varphi(y) \tag{3.64}$$

$$\phi^{\mathrm{V}}(x,y) = \varphi(x)\phi(y) \tag{3.65}$$

$$\phi^{\mathrm{D}}(x,y) = \phi(x)\phi(y) \tag{3.66}$$

式（3.63）～式（3.66）表示小波函数沿着不同方向的变化：$\phi^{\mathrm{H}}(x,y)$ 是沿着列的变化，$\phi^{\mathrm{V}}(x,y)$ 是沿着行的变化，$\phi^{\mathrm{D}}(x,y)$ 是沿着对角线的变化。

定义一个尺度基函数和平移基函数，分别如下：

$$\varphi_{j,m,n}(x,y) = 2^{j/2}\varphi(2^j x - m, 2^j y - n) \tag{3.67}$$

$$\phi_{j,m,n}^i(x,y) = 2^{j/2}\phi(2^j x - a, 2^j y - b), \quad i = \{\mathrm{H,V,D}\} \tag{3.68}$$

对于一个图像尺寸为 $M×N$ 的函数 $f(x,y)$，其离散小波变换定义为

$$W_{\varphi}(j_0, m, n) = \frac{1}{MN} \sum_{x=0}^{M-1} \sum_{y=0}^{N-1} f(x,y) \varphi_{j_0, m, n}(x,y) \quad （3.69）$$

$$W_{\phi}^{i}(j_0, m, n) = \frac{1}{MN} \sum_{x=0}^{M-1} \sum_{y=0}^{N-1} f(x,y) \phi_{j_0, m, n}^{i}(x,y), \quad i = \{\text{H, V, D}\} \quad （3.70）$$

式中，j_0 是任意的开始尺度。通常，$j_0=0$，$M = N = 2^J$，$j=0,1,2,\cdots,J-1$，$m,n=0,1,2,\cdots,2^J-1$。因此，二维离散小波反变换定义为

$$f(x,y) = \frac{1}{\sqrt{MN}} \sum_{m} \sum_{n} W_{\varphi}(j_0, m, n) \varphi_{j_0, m, n}(x,y) + \frac{1}{\sqrt{MN}} \sum_{i=\text{H,V,D}} \sum_{j=j_0}^{\infty} \sum_{m} \sum_{n} W_{\phi}^{i}(j, m, n) \phi_{j, m, n}^{i}(x,y)$$

$$（3.71）$$

3.5.4　小波包

小波变换只对信号的低频部分做进一步分解，而对高频部分（信号的细节部分）不再继续分解，因此，不能很好地分解和表示包含大量细节信息的信号。如果不仅对信号的低频分量进行连续分解，还对高频分量进行连续分解，那么不仅可得到许多分辨率较低的低频分量，还可得到许多分辨率较低的高频分量，称为小波包分解。

给定尺度函数 $\varphi(t)$ 和小波函数 $\phi(t)$，当 $n = 0$ 时，$w_0(t) = \phi(t)$，$w_1(t) = \varphi(t)$，定义下列递推关系：

$$w_{2n}(t) = \sqrt{2} \sum_{k \in Z} h_k w_n(2t - k) \quad （3.72）$$

$$w_{2n+1}(t) = \sqrt{2} \sum_{k \in Z} g_k w_n(2t - k) \quad （3.73）$$

式中，h_k 和 g_k 是多分辨率分析中的滤波器系数。

以上定义的函数集合 $\{w_n(t)\}_{n \in Z}$ 称为尺度函数 $\varphi(t)$ 的小波包。

小波包的平移系 $\{w_n(t-k), n \in Z_+, k \in Z\}$ 构成 $L^2(\mathbb{R})$ 的一组规范正交基。

令 U_j^n 表示由小波包 w_n 的二进伸缩和平移 $2^{j/2} w_n(2^j t - k)$，$k \in Z$ 的线性组合生成的 $L^2(\mathbb{R})$ 的闭子空间，则

$$\begin{cases} U_j^0 = V_j, & j \in Z \\ U_j^1 = W_j, & j \in Z \end{cases} \quad （3.74）$$

在二进小波包变换中，各级小波与小波包分解具有以下递推关系：

$$V_{j+1} = V_j \oplus W_j \ (j \in Z) \ \leftrightarrow \ U_{j+1}^0 = U_j^0 \oplus U_j^1 \ (j \in Z), \quad U_{j+1}^n = U_j^{2n} \oplus U_j^{2n+1} \ (j \in Z)$$

例如，一个逼近空间 $V_L = U_L^0$，$L = 3$ 的小波与小波包分解如图 3.7 所示。

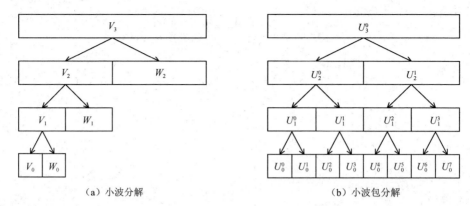

图 3.7 $L=3$ 的小波与小波包分解

设 $f(t)$ 为一时间信号，$p_j^i(t)$ 表示第 j 层上的第 i 个小波包，称为小波包系数；G 代表的是低通滤波器的特性，H 代表的是高通滤波器的特性，则小波包分解的快速算法为

$$\begin{cases} p_0^1(t) = f(t) \\ p_j^{2i-1}(t) = \sum_{k \in Z} H(k-2t) p_{j-1}^i(t) \\ p_j^{2i}(t) = \sum_{k \in Z} G(k-2t) p_{j-1}^i(t) \end{cases} \tag{3.75}$$

重构算法为

$$p_j^i(t) = \sum_{k \in Z} H^*(t-2k) p_{j+1}^{2i-1}(t) + \sum_{k \in Z} G^*(t-2k) p_{j+1}^{2i}(t) \tag{3.76}$$

在图像处理中，需要把小波变换从一维推广到二维，设二维信号 $f(x,y) \in L^2(\mathbb{R}^2)$。二维的分解关系同于一维的情形，即

$$V_{j-1}(x,y) = V_j(x,y) \otimes W_j(x,y), \ j \in Z \tag{3.77}$$

在可分离的情况下，二维信号 $f(x,y)$ 的小波分解可分以下两步：首先，沿 x 方向分别用 $\varphi(x)$ 和 $\phi(x)$ 进行分析，把 $f(x,y)$ 分解成低频和高频两部分；其次，对这两部分沿 y 方向分别用 $\varphi(y)$ 和 $\phi(y)$ 进行类似分析。这样，经 $\varphi(x)\varphi(y)$ 处理所得的是 $f(x,y)$ 的第一级低频分量，经 $\varphi(x)\phi(y)$、$\phi(x)\phi(x)$ 与 $\phi(x)\phi(y)$ 处理所得的是 3 个高频分量。

【例 3.7】对一幅图像进行二维小波分解。

【实例分析】图 3.8（a）是第一级低频与高频分量，图 3.8（b）是第二级低频与高频分量。由结果可知，通过小波分解，可以提取图像的低频与高频分量。

源代码：

```
f=imread('lena.jpg');
nb=size(f,1);
[c,s]=wavedec2(f,2,'haar');          %哈尔小波分解
LL1=appcoef2(c,s,' haar',1);         %分解低频系数
LH1=detcoef2('h',c,s,1);             % 'h' 表示水平方向
```

```
LV1=detcoef2('v',c,s,1);              % 'v' 表示垂直方向
LD1=detcoef2('d',c,s,1);              % 'd' 表示对角方向
cod_LL1=wcodemat(LL1,nb);            %重构
cod_LH1=wcodemat(LH1,nb);
cod_LV1=wcodemat(LV1,nb);
cod_LD1=wcodemat(LD1,nb);
c1=[cod_LL1,cod_LH1;cod_LV1,cod_LD1];
LL2=appcoef2(c,s,' haar',2);
LH2=detcoef2('h',c,s,2);
LV2=detcoef2('v',c,s,2);
LD2=detcoef2('d',c,s,2);
cod_LL2=wcodemat(LL2,nb);
cod_LH2=wcodemat(LH2,nb);
cod_LV2=wcodemat(LV2,nb);
cod_LD2=wcodemat(LD2,nb);
c2=[cod_LL2,cod_LH2;cod_LV2,cod_LD2];
subplot(121),imshow(c1/255),title('第一级低频与高频分量');
subplot(122),imshow(c2/255),title('第二级低频与高频分量');
```

（a）第一级低频与高频分量　　　　　　　（b）第二级低频与高频分量

图 3.8　二维小波分解

3.6　课程思政

针对本章的学习内容，下面介绍关于课程思政的案例设计。

- 图像变换。

思政案例：在进行图像变换概述的讲解时，强调图像变换是本课程的基础内容，诸多图像处理算法对我们灵活运用知识有所启发。图像变换是一种从时域向频域转化的方法。对待一般问题，换一个思路或许就变得容易、方便了，要有尊重科学的方法论。

● 傅里叶变换。

思政案例：在傅里叶变换的讲解中，介绍了傅里叶变换可以采用快速变换方法来实现，使我们学习到了凡事要多思考，以找到提高效率的方法来解决问题。

● 小波变换。

思政案例：对于小波变换，使我们学习到了看待事物可以一分为二，从多个层面来进行分析。另外，当将小波变换应用在压缩领域时，要重点考虑低频信号，启发我们在考虑问题时，要抓住事物的主要矛盾。

本章小结

本章主要介绍了图像变换的基础知识与常用方法，包括以下几方面的内容。

1．离散傅里叶变换

离散傅里叶变换是分析与处理离散信号的常用工具。离散傅里叶变换将离散函数基于频率分成不同的成分。

2．离散余弦变换

离散余弦变换是离散傅里叶变换的一种特殊情况，二维离散余弦变换在图像压缩中应用广泛。

3．沃尔什—哈达玛变换

沃尔什—哈达玛变换的本质是将离散序列按一定规律改变后进行加减运算，大大减少计算量。

4．霍特林变换

霍特林变换是在均方误差最小意义下的最优变换，主要用于数据压缩和特征提取等。

5．小波变换

小波变换是将信号展开成一族基函数的加权和，即用一族函数来表示或逼近信号或函数。

练习三

一、填空题

1．数字图像变换通常是一种_____变换。

2．在变换域中，图像能量集中分布在_____分量上，边缘和线信息反映在_____分量上。

3．空域卷积经过离散傅里叶变换后，转化为频域_____。

4．二维沃尔什—哈达玛变换具有能量_____的特性。

5．霍特林变换能够充分去除相关性，把有用的信息集中到数目尽可能少的_____分量中。

二、选择题

1．傅里叶变换的主要特点不包括（　　）。

A．频域的概念　　　　　　　　　　　B．复数的运算

C．可逆变换　　　　　　　　　　　　D．均方误差意义下最优

2．傅里叶变换是用一系列不同频率的（　　）函数去分解原函数。

A．正余弦　　　　　B．黎曼　　　　　C．对数　　　　　D．正余切

3．一幅二值图像的傅里叶变化频谱是（　　）的。

A．离散非周期　　　B．离散周期　　　C．连续非周期　　　D．连续周期

4．对于离散余弦变换的特点，描述正确的是（　　）。

A．非正交变换　　　B．变换核不是实数　　C．复数的运算　　　D．可分离的变换

5．在二维情况下，小波分解需要（　　）个二维尺度函数和（　　）个二维小波函数。

A．1，1　　　　　B．1，3　　　　　C．3，1　　　　　D．3，3

三、程序题

1．对某幅灰度图像进行离散傅里叶变换及其逆变换。

2．对某幅灰度图像使用离散余弦变换进行图像压缩。

3．对某幅灰度图像进行沃尔什变换及其逆变换。

4．对某幅灰度图像进行霍特林变换。

5．对某幅灰度图像进行三级小波变换，并求得低频图像。

四、简答题

1．试阐述快速傅里叶变换的特点。

2．请简述离散余弦变换的原理。

3．请解释霍特林变换为什么可以用于图像压缩。

4．什么是小波？

5．试简述对小波变换的理解。

第4章　MATLAB 图像处理工具箱

MATLAB 可以对数字图像进行处理，而它对图像的处理功能主要集中在图像处理工具箱中。本章首先简单介绍 MATLAB 图像处理工具箱，在此基础上重点介绍 MATLAB 的图像类型及类型转换，图像文件的读/写、显示和查询，以及图像处理中 MATLAB 的常用函数。读者应在理解不同 MATLAB 语句与函数应用的基础上重点掌握不同图像类型的转换方法及不同文件的显示方法等内容。本章可为后续更好地学习数字图像处理奠定基础。

- MATLAB 图像处理工具箱。
- MATLAB 中的图像类型及类型转换。
- 图像文件的读/写、显示和查询。
- 图像处理中 MATLAB 的常用函数。

4.1　图像处理工具箱简介

MATLAB 工具箱是 MATLAB 用来解决各个领域特定问题的函数库，是开放式的，可以应用，也可以根据自己的需要进行扩展。MATLAB 提供的工具箱为用户提供了丰富而实用的资源，工具箱的内容非常广泛，涵盖了科学研究的很多门类。目前，已有涉及数学、控制、通信、信号处理、图像处理、经济、地理等多种学科的 20 多种 MATLAB 工具箱投入应用。这些工具箱的作者都是相关领域的顶级专家，从而确保了 MATLAB 的权威性。应用 MATLAB 的各种工具箱可以在很大程度上降低用户编程时的复杂度。而 MathWorks 公司也一直致力于追踪各学科的最新进展，并及时推出相应功能的工具箱。毫无疑问，MATLAB 能在数学应用软件中成为主流是离不开各种功能强大的工具箱的。

MATLAB 是一种基于向量（数组）而不是标量的高级程序语言，因而 MATLAB 从本质上就提供了对图像的支持。数字图像实际上是一组有序离散的数据，使用 MATLAB 可以对这些离散数据形成的矩阵进行一次性的处理。前面提到，MATLAB 对图像的处理功能主要集中在图像处理工具箱中。图像处理工具箱提供了一套全方位的参照标准算法和图形工具，用于进行图像处理、分析、可视化和算法开发，可进行图像增强、图像去模糊、特征检测、降噪、图像分割、空间转换和图像配准。该工具箱中的许多功能支持多线程，可发挥多核和多处理器计算机的性能。

图像处理工具箱支持多种多样的图像类型，包括高动态范围、千兆像素分辨率、ICC 兼容色彩和断层扫描图像。图形工具可用于探索图像、检查像素区域、调节对比度、创建轮廓或柱状图及操作感兴趣区域。工具箱算法可用于还原退化的图像、检查和测量特征、分析形状和纹理并调节图像的色彩平衡。

图像处理工具箱广泛支持由各种设备生成的图像，这些设备包括数码相机、卫星和机载传感器、医学成像设备、显微镜、望远镜及其他科学仪器。它可以对采用多种数据类型的图像进行可视化、分析和处理，其中包括单精度和双精度浮点数，以及有符号和无符号的 8 位、16 位、32 位整数。

图像处理工具箱提供了大量的函数，用于采集图像和视频信号。该工具箱支持的硬件设备包括工业标准的计算机图像采集卡和相应的设备（如 Matrox 和 DataTranslation 公司提供的视频采集设备），以及 Windows 平台下支持 USB 技术的视频摄像头等设备。

图像处理工具箱提供了丰富的图像处理函数，主要实现的功能包括图像的几何操作、图像的邻域和图像块操作、线性滤波和滤波器设计、图像变换、图像分析和增强、二值图像形态学操作、图像复原、图像编码及感兴趣区域处理等。

图像处理工具箱主要有图像采集工具箱、信号处理工具箱、小波分析工具箱、统计工具箱、生物信息学工具箱等。

4.2　MATLAB 中的图像类型及类型转换

在 MATLAB 中，一幅图像可能包含一个数据矩阵，也可能包含一个颜色映像矩阵。MATLAB 图像处理工具箱支持 4 种图像类型：真彩色图像、索引图像、灰度图像和二值图像。

4.2.1　图像和图像数据

MATLAB 中的数字图像是由一个或多个矩阵表示的。MATLAB 强大的矩阵运算功能完全可以应用于图像，那些适用于矩阵运算的语法对 MATLAB 中的数字图像同样适用。

默认情况下，MATLAB 将图像中的数据存储为双精度类型（double），即 64 位浮点数，所需存储量很大；MATLAB 还支持另一种类型——无符号整型（uint8），即图像矩阵中每个数据占用 1 字节。在使用 MATLAB 图像处理工具箱时，一定要注意函数要求的参数类型。另外，uint8 与 double 两种类型数据的值域不同，编程时需要注意值域转换。表 4.1 和表 4.2 是常用的数据转换语句。

表 4.1　从 uint8 到 double 的转换

图像类型	MATLAB 语句
索引图像	B=double(A)+1
索引图像或真彩色图像	B=double(A)/255
二值图像	B=double(A)

表 4.2　从 double 到 uint8 的转换

图像类型	MATLAB 语句
索引图像	B=uint8(round(A−1))
索引图像或真彩色图像	B=uint8(round(A*255))
二值图像	B=logical(uint8(round(A)))

4.2.2　图像处理工具箱支持的图像类型

前面提到，图像处理工具箱支持 4 种图像类型，分别为真彩色图像、索引图像、灰度图像和二值图像。此外，MATLAB 还支持由多帧图像组成的图像序列。

1. 真彩色图像

真彩色图像用红色、绿色、蓝色 3 个分量表示一个像素的颜色，因此，对于一个尺寸为 m 像素×n 像素的真彩色图像来说，其数据结构就是一个 $m×n×3$ 的多维数组。如果要读取图像中(100,50)处的像素值，则可以查看三元组(100,50,1:3)。

真彩色图像可用双精度类型存储，此时亮度值的范围是[0,1]；也可用无符号整型存储，此时亮度值的范围为[0,255]。表 4.3 是真彩色图像的数据格式。

表 4.3　真彩色图像的数据格式

双精度类型：double （每个像素占 8 字节）	无符号整型：uint8 （每个像素占 1 字节）
数组大小：$m×n×3$	数组大小：$m×n×3$
(:,:,1)代表红色分量	(:,:,1)代表红色分量
(:,:,2)代表绿色分量	(:,:,2)代表绿色分量
(:,:,3)代表蓝色分量	(:,:,3)代表蓝色分量
像素取值：[0,1]	像素取值：[0,255]

2. 索引图像

索引图像是把像素值作为 RGB 调色板下标的图像。索引图像包含两个结构，一个是调色板，另一个是图像数据矩阵。调色板是一个有 3 列和若干行的颜色映像矩阵，矩阵每行都代表一种颜色，通过 3 个分别代表红、绿、蓝颜色强度的双精度数形成一种特定颜色。图像数据是 uint8 或 double 类型的。MATLAB 中调色板的颜色强度是[0,1]中的浮点数，0 代表最暗，1 代表最亮。

与真彩色图像相同，索引图像的数据类型也有 double 和 uint8 两种。当图像数据为 double 类型时，值 1 代表调色板中的第 1 行、值 2 代表第 2 行……如果图像数据是 uint8 类型，则 0 代表调色板的第 1 行、1 代表第 2 行……表 4.4 是索引图像的数据格式。

表 4.4　索引图像的数据格式

双精度类型：double （每个像素占 8 字节）	无符号整型：uint8 （每个像素占 1 字节）
数组大小：$m×n$ 图像元素取值：$[1, p]$ 调色板矩阵：$p×3$	数组大小：$m×n$ 图像元素取值：$[0, p-1]$ 调色板矩阵：$p×3$

3. 灰度图像

存储灰度图像只需要一个数据矩阵 I。其中，I 中的数据代表了在一定范围内的颜色强度值。矩阵中的数据类型可以是 double，值域是[0,1]；也可以是 uint8，值域是[0,255]；还可以是 uint16 的无符号整数类型。大多数情况下，灰度图像很少和颜色映像矩阵一起保存。但在显示灰度图像时，MATLAB 仍然会在后台使用系统预定义的默认灰度颜色映像矩阵。

4. 二值图像

与灰度图像相同，二值图像只需一个数据矩阵，每个像素只有两个灰度值。二值图像可以采用 uint8 或 double 类型存储，工具箱中以二值图像作为返回结果的函数都使用 uint8 类型。

5. 图像序列

图像处理工具箱支持将多帧图像连接成图像序列。图像序列是一个四维的数组，图像帧的序号在图像的长、宽、颜色深度之后构成第四维。例如，一个包含了 5 幅 400×300（单位为像素）真彩色图像的序列，其大小为 400×300×5（单位为像素）。要将分散的图像合并成图像序列，可以使用 MATLAB 的 cat 函数，前提是各图像的尺寸必须相同，如果是索引图像，则调色板也必须是一样的。例如，要将 A1、A2、A3、A4、A5 这 5 幅图像合并成一个图像序列 A，MATLAB 语句为

A=cat(4,A1,A2,A3,A4,A5)

式中，左括号后的 4 表示构造出的矩阵的维数。

4.2.3　MATLAB 图像类型转换

许多图像处理工作都对图像类型有特定的要求。在对索引图像进行滤波时，必须把它转换为真彩色（RGB）图像，要不然只对图像进行滤波毫无意义。因此，数字图像处理经常会遇到不同图像类型之间的转换。

1. dither

功能：图像抖动。

格式：

```
X=dither(I1,map)
bw=dither(I2)
```

说明：X=dither(I1,map)将真彩色图像 I1 按指定的调色板 map 抖动成索引图像 X，bw=dither(I2)将灰度图像 I2 抖动成二值图像 bw。输入图像可以是 double 或 uint8 类型，输出图像若是二值图像或颜色种类不超过 256 种的索引图像，则输入图像是 uint8 类型，否则为 double 类型。

【例 4.1】将一幅真彩色图像抖动成索引图像。

【实例分析】利用函数 dither 将一幅真彩色图像抖动成索引图像。图 4.1（a）是真彩色图像，图 4.1（b）是抖动成的索引图像。用 imread 函数读取这幅真彩色图像，用 imshow 函数显示真彩色图像和抖动成的索引图像。

源代码：

```
I=imread('flower.jpg');
map=pink(1024);
X=dither(I,map);
imshow(I);
figure,imshow(X,map);
```

（a）真彩色图像　　　　　　　　　　　　　　（b）抖动成的索引图像

图 4.1　将一幅真彩色图像抖动成索引图像

2. gray2ind

功能：将灰度图像转换成索引图像。

格式：

```
[X,map]=gray2ind(I,n)
```

说明：按指定的灰度级数 n 和调色板 map 将灰度图像 I 转换成索引图像 X，n 的默认值为 64。

【例 4.2】将一幅灰度图像转换成索引图像，颜色分别为 gray(128)、gray(16)。

【实例分析】利用函数 gray2ind 将一幅灰度图像转换成索引图像。图 4.2（a）是灰度图像，图 4.2（b）是 gray(128)索引图像，图 4.2（c）是 gray(16)索引图像。

源代码：

```
I=imread('woman.jpg');
imshow(I);
[I1,map]=gray2ind(I,128);
figure,imshow(I1);
[I2,map]=gray2ind(I,16);
figure,imshow(I2);
```

（a）灰度图像　　　　　（b）gray(128)索引图像　　　　（c）gray(16)索引图像

图 4.2　将灰度图像转换成索引图像 1

3. grayslice

功能：通过设定阈值将灰度图像转换成索引图像。

格式：

X=grayslice(I,n)

X=grayslice(I,v)

说明：X=grayslice(I,n)将灰度图像 I 均匀量化为 n 个等级，然后转换为索引图像 X；X=grayslice(I,v)按指定的阈值向量 v（其每个元素都在 0 和 1 之间）对图像 I 的值域进行划分，而后转换成索引图像 X。

输入图像 I 可以是 double 或 uint8 类型。如果阈值小于 256，则返回图像 X 的数据类型为 uint8，X 的值域为[0,n]或[0,length]；否则，返回图像 X 的数据类型为 double，值域为[1,n+1]或[1,length(v)+1]。

【例 4.3】将一幅灰度图像转换成索引图像。

【实例分析】利用函数 grayslice 将一幅灰度图像转换成索引图像。图 4.3（a）是灰度图像，图 4.3（b）是转换成的索引图像。其中，"X =grayslice(I,16);"表示将灰度图像 I 均匀量化为 16 个等级，然后转换为索引图像 X。

源代码：

```
I =imread('snowflakes.png');
X =grayslice(I,16);
figure, imshow(I), figure, imshow(X,jet(16))
```

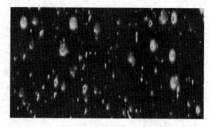

（a）灰度图像　　　　　　　　　　　　　　　（b）转换成的索引图像

图 4.3　将灰度图像转换成索引图像 2

4. im2bw

功能：通过阈值化方法将索引图像、灰度图像和真彩色图像转换为二值图像。

格式：

```
BW=im2bw(I,level)
BW=im2bw(X,map,level)
BW=im2bw(RGB,level)
```

说明：BW=im2bw(I,level)、BW=im2bw(X,map,level)和 BW=im2bw(RGB,level)分别将灰度图像、索引图像和真彩色图像二值化为图像 BW。其中，level 是归一化阈值，取值在[0,1]区间内。当输入图像的亮度小于 level 时，对应的输出图像的像素值为 0，其他地方均为 1。输入图像可以是 double 或 uint8 类型，输出图像是 uint8 类型。

【例 4.4】将一幅真彩色图像转换成二值图像。

【实例分析】利用函数 im2bw 将真彩色图像转换成二值图像。图 4.4（a）是真彩色图像，图 4.4（b）是转换成的二值图像。其中，"BW=im2bw(RGB,0.4);"中的 0.4 代表归一化阈值。

（a）真彩色图像　　　　　　　　　　　　　　（b）转换成的二值图像

图 4.4　将真彩色图像转换成二值图像

源代码：

```
RGB=imread('flower.jpg');
BW=im2bw(RGB,0.4);
imshow(RGB);
figure, imshow(BW)
```

5. ind2gray

功能：将索引图像转换成灰度图像。

格式：

```
I=ind2gray(X,map)
```

说明：将具有调色板 map 的索引图像 X 转换成灰度图像 I，输入图像可以是 double 或 uint8 类型，输出图像是 double 类型。

6. ind2rgb

功能：将索引图像转换成真彩色图像。

格式：

```
RGB=ind2rgb(X,map)
```

说明：将具有调色板 map 的索引图像 X 转换成真彩色图像 RGB，输入图像 X 可以是 double 或 uint8 类型，输出图像 RGB 是 double 类型。

7. mat2gray

功能：将一个数据矩阵转换成一幅灰度图像。

格式：

```
I=mat2gray(A,[amin amax])
I=mat2gray(A)
```

说明：I=mat2gray(A,[amin amax])按指定的取值区间[amin amax]将数据矩阵 A 转化为灰度图像 I，amin 对应灰度 0（最暗），amax 对应灰度 1（最亮）。如果不指定区间[amin amax]，则 MATLAB 会自动将矩阵 A 中的最小元设为 amin，将最大元设为 amax。

8. rgb2gray

功能：将一幅真彩色图像转换成灰度图像。

格式：

```
I=rgb2gray(RGB)
newmap=rgb2gray(map)
```

说明：I=rgb2gray(RGB)将真彩色图像 RGB 转换成灰度图像 I，newmap=rgb2gray(map)将彩色调色板 map 转换成灰度调色板。如果输入的是真彩色图像，则可以是 uint8 或 double

类型，输出图像 I 与输入图像类型相同；如果输入的是调色板，则输入、输出都是 double
类型。

【例 4.5】将一幅真彩色图像转换成灰度图像。

【实例分析】利用函数 rgb2gray 将真彩色图像转换成灰度图像。图 4.5（a）是真彩色
图像，图 4.5（b）是转换成的灰度图像。

源代码：

```
RGB=imread('flower.jpg');
I=rgb2gray(RGB);
imshow(RGB);
figure,imshow(I);
```

（a）真彩色图像　　　　　　　　　　　　　（b）转换成的灰度图像

图 4.5　将真彩色图像转换成灰度图像

9. rgb2ind

功能：将真彩色图像转换成索引图像。

格式：

```
[X,map]=rgb2ind(RGB)
[X,map]=rgb2ind(RGB,tol)
[X,map]=rgb2ind(RGB,n)
X=rgb2ind(RGB,map)
[ ]=rgb2ind(…,dither_option)
```

说明：[X,map]=rgb2ind(RGB)直接将真彩色图像转换为索引图像 X；[X,map]=rgb2ind
(RGB,tol)用均匀量化的方法将真彩色图像转换为索引图像 X，tol 的取值为 0.0～1.0；
[X,map]= rgb2ind(RGB,n)使用最小方差量化方法将真彩色图像转换为索引图像 X，map 中
至少包括 n 种颜色；X=rgb2ind(RGB,map)将 RGB 中的颜色与 map 中最相近的颜色匹配，
将 RGB 转换为具有 map 调色板的索引图像；[ ]=rgb2ind(…,dither_option)通过 dither_option
参数设置是否抖动。

【例 4.6】将一幅真彩色图像转换成索引图像。

【实例分析】利用函数 rgb2ind 将真彩色图像转换成索引图像。图 4.6（a）是真彩色图

像，图 4.6（b）是转换成的索引图像。前面提到，[X,map]=rgb2ind(RGB,tol)用均匀量化的方法将真彩色图像转换为索引图像 X，tol 的取值为 0.0～1.0，这里的 tol 选为 0.7。

　　源代码：

```
RGB=imread('flower.jpg');
[X,map]=rgb2ind(RGB,0.7);
imshow(RGB);
figure,imshow(X,map);
```

　　　　（a）真彩色图像　　　　　　　　　　　（b）转换成的索引图像

图 4.6　将真彩色图像转换成索引图像

4.3　图像文件的读／写、显示和查询

　　MATLAB 为用户提供了特殊的函数，用于从图像格式的文件中读／写图像数据。在 MATLAB 中，图像文件的读取、写入及显示都可通过调用函数来实现，如表 4.5 所示。

表 4.5　图像文件的读/写及显示函数

函　数　名	功　　能
load	以 MAT 文件加载（读取）矩阵数据
save	以 MAT 文件保存（写入）矩阵数据
imread	加载图像文件格式的图像
imwrite	保存图像文件格式的图像

4.3.1　图像文件的读取

利用 imread 函数可完成图像文件的读取，其语法如下。

（1）A=imread('filename',fmt)：读取 filename 指定的图像并存于数组 A 中。

（2）[X,map]=imread('filename',fmt)：读取索引图像。

（3）[...]=imread('filename')：根据类型读取图像。

（4）[...]=imread(URL,...)：读取来自 Internet 的图像。

其中，第（1）种为最常用的形式。值得注意的是，读取图像的文件名必须在当前目录或 MATLAB 目录中，否则应给出完整路径。

例如，读取图像 cameraman.tif：

```
X=imread('cameraman.tif')
```

当文件不在 MATLAB 目录中时：

```
f=imread('D:\myimages\chestxray.jpg')
```

通常，读取的大多数图像均是 8 位的，当将这些图像加载到内存中时，MATLAB 就将其存放在类 uint8 中。此外，MATLAB 还支持 16 位的 PNG 和 TIFF 图像，当读取这类文件时，MATLAB 就将其存储在类 uint16 中。

注意：对于索引图像，即使图像阵列本身为类 uint8 或类 uint16，imread 函数仍将颜色映像矩阵读取并存储到一个双精度浮点类型的阵列中。

4.3.2 图像文件的显示

在 MATLAB 中，显示图像的方式有两种，包括使用 MATLAB 图像浏览器和使用通用图形图像视窗。图像浏览器通过调用 imtool 函数实现，其语法格式如下：

```
imtool ('filename')
```

【例 4.7】用浏览器方式显示一幅图像。

【实例分析】利用函数 imtool，可以将一幅图像用浏览器方式显示出来，如图 4.7 所示。

源代码：

```
I=imread('saturn.jpg');
imtool('saturn.jpg');
```

图 4.7　用浏览器方式显示一幅图像

通用图形图像视窗可以通过使用 image 函数显示图像，其语法格式如下：

```
image(C)
```

```
image(x, y, C)
image('PropertyName', Property Value, ...)
image('PropertyName', Propety Value, ...)
handle=image(...)
```

其中，x 和 y 表示图像显示位置的左上角坐标，C 表示所需显示的图像；image 函数可以自动设置图像窗口、坐标轴和图像属性，即 MATLAB 自动对图像进行缩放以适合显示区域。可用 truesize 函数设定图像像素到屏幕像点的映射关系，以此来更改图像显示的大小。有时可能需要显示的纵横比和图形数据矩阵的纵横比相匹配，这时可以使用 axisimage 命令。

【例 4.8】用 image 函数显示一幅图像，图像的左上角坐标为(10,10)。

【实例分析】利用 image 函数显示一幅图像，如图 4.8 所示。load trees 是从系统里加载的 trees 图像；image(10,10,X)中的两个 10 表示图像显示位置的左上角坐标，X 表示所需显示的图像。

源代码：

```
load trees
image(10,10,X)
colormap(map)
```

图 4.8　利用 image 函数显示一幅图像

另外，MATLAB 图像处理工具箱还提供了一个高级的图像显示函数 imshow，其语法格式如下：

```
imshow(I, n)
imshow(I, [low high])
imshow(BW)
imshow(X, map)
imshow(RGB)
imshow(...,display_option)
```

```
imshow(x,y,A,...)
imshow filename
h=imshow(...)
```

前两种调用格式用来显示灰度图像，其中，n 为灰度级数，默认值为 256；[low high] 为图像数据的值域。从 imshow 函数的语法格式可知，不同类型的图像显示方法也不同，这里重点介绍一下索引图像、灰度图像、真彩色图像及二值图像的显示方法。

1. 索引图像及其显示

索引图像包括一个数据矩阵 X、一个颜色映像矩阵 map。其中，map 是一个 $m×3$ 的数据矩阵，其每个元素的值均为[0,U]区间的双精度浮点型数据。map 的每一行分别表示红色、绿色和蓝色的颜色值。在 MATLAB 中，索引图像是从像素值到颜色映像表值的直接映射。像素颜色内的数据矩阵 X 作为索引值向 map 进行索引。例如，值 1 指向 map 中的第 1 行，值 2 指向第 2 行，依次类推。

可以用下面的代码显示一幅索引图像：

```
image(X)
colormap(map)
```

颜色映像矩阵通常和索引图像保存在一起。当用户调用函数 imread 时，MATLAB 会自动同时加载颜色映像矩阵与图像。在 MATLAB 中，可以选择所需的颜色映像矩阵，而不必局限于使用默认的颜色映像矩阵，可以使用属性 CDataMapping 来选取其他颜色映像矩阵，包括用户自定义的颜色映像矩阵。

若使用 imshow 命令显示索引图像，则需要指定图像矩阵和调色板：

```
imshow(X,map)
```

对于 X 的每个像素，imshow 显示存储在 map 相应行中的颜色。图像矩阵中的数值和调色板之间的关系依赖于图像矩阵的类型（double、uint8 或 uint16）。如果图像矩阵是双精度类型，那么数值 1 将指向调色板的第 1 行，数值 2 指向第 2 行，依次类推；如果图像矩阵是 uint8 或 uint16 类型，则会有一个偏移量，此时数据 0 指向调色板的第 1 行，数值 1 指向第 2 行，依次类推。偏移量是由图像对象自动掌握的，不能使用句柄图形属性进行控制。

索引图像的每个像素都直接映射为调色板的一个入口。如果调色板包含的颜色数目多于图像颜色数目，那么额外的颜色都将被忽略；如果调色板包含的颜色数目少于图像颜色数目，则超出调色板颜色范围的图像像素都将被设置为调色板中的最后一种颜色。

【例 4.9】利用 imshow 函数显示一幅索引图像。

【实例分析】利用 imshow 函数显示一幅索引图像，如图 4.9 所示。首先调用 imread 函数读取名为 flower 的图像，再调用 imshow 函数显示这幅索引图像。

源代码：

```
X=imread('flower.jpg');
map=pink(256);
imshow(X);
```

图 4.9　利用 imshow 函数显示一幅索引图像

在显示一幅索引图像时，imshow 函数将设置以下句柄图形属性来控制颜色显示方式。

（1）图像的 CData 属性将被设置为 X 中的数据。

（2）图像的 CDataMapping 属性将被设置为 direct（并使坐标轴的 CLim 属性无效）。

（3）图形窗口的 Colormap 属性将被设置为 map 中的数据。

（4）图像的 Map 属性将被设置为 map 中的数据。

2．灰度图像及其显示

一幅灰度图像就是一个数据矩阵，其中的数据均代表一定范围内的颜色灰度值。MATLAB 把灰度图像用数据矩阵的形式进行存储，每个元素表示图像中的每个像素。矩阵元素可以是 double、uint8 类型。大多数情况下，灰度图像很少和颜色映像矩阵一起保存，但在显示灰度图像时，MATLAB 仍然在后台使用系统预定义的默认灰度颜色映像矩阵。

在 MATLAB 中，要显示一幅灰度图像，可以调用 imshow 函数。灰度图像显示最基本的调用格式如下：

```
imshow(I)
```

在 MATLAB 中，imshow 函数使用一个灰度级系统调色板（R=G=B）来显示灰度图像。当输入图像是 double 类型时，若像素值为 0.0，则显示为黑色；若像素值为 1.0，则显示为白色，0.0 和 1.0 之间的像素值将显示为灰影。

imshow 函数显示灰度图像的另一种调用格式如下：

```
imshow(I,n)
```

其中，n 代表明确指定的灰度级数。例如，显示一幅 32 个灰度级的图像 I：

```
imshow(I,32)
```

由于 MATLAB 自动对灰度图像进行标度以适合调色板的范围，因此可以使用自定义大小的调色板。在某些情况下，还可能将一些超出数据惯例范围（对于双精度数组为[0,1]，对于 uint8 数组为[0,255]，对于 uint16 数组为[0,65535]）的数据显示为一幅灰度图像。为了将这些超出惯例范围的数据显示为图像，用户可以直接指定数据的范围，其调用格式如下：

imshow(I,[low high])

其中，参数 low 和 high 分别为数据数组的最小值与最大值。如果用户使用一个空矩阵指定数据范围，那么 imshow 函数将自动进行数据标度。

imshow 函数通过以下图形属性控制灰度图像的显示方式。

（1）图像的 CData 属性被设置为 I 中的数据。

（2）图像的 CDataMapping 属性被设置为 scaled。

（3）如果图像矩阵是双精度类型，则将坐标轴的 CLim 属性设置为[0,1]；如果是 uint8 类型，则将坐标轴的 CLim 属性设置为[0,65535]。

（4）图形窗口的 Colormap 属性被设置为数据范围从黑到白的灰度级调色板。

3. 真彩色图像及其显示

不论真彩色图像的类型是双精度浮点型，还是 uint8 或 uint16 类型，MATLAB 都能通过 image 函数将其正确显示出来。

用 image 函数显示真彩色图像的调用格式如下：

image(RGB)

用 imshow 函数显示真彩色图像的调用格式如下：

imshow(RGB)

参数 RGB 是一个 $m×n×3$ 的数组。对于 RGB 中的每个像素，imshow 显示数值所描述的颜色。每个屏幕像素都使用 24 位颜色系统，能够直接显示真彩色图像，系统给每个像素的红、绿、蓝颜色分量分配 8 位（256 级）。在颜色较少的系统中，MATLAB 将综合使用图像近似和抖动技术来显示图像。

imshow 函数可以设置以下句柄图像属性来控制颜色的显示方式。

（1）图像的 CData 属性被设置为真彩色中的三维数值，MATLAB 将数组理解为真彩色数据。

（2）忽略图像的 CDataMapping 属性。

（3）忽略坐标轴的 CLim 属性。

（4）忽略图形窗口的 Colormap 属性。

4. 二值图像及其显示

用 imshow 函数显示二值图像的调用格式如下：

```
imshow(BW)
```

二值图像是一个逻辑类，仅包括 0 和 1 两个数值，数值 0 显示为黑色，数值 1 显示为白色。在显示时，也可以通过 NOT(~)命令对二值图像取反，使数值 0 显示为白色，数值 1 显示为黑色。

【例 4.10】显示一幅二值图像，并将原始的二值图像取反后显示。

【实例分析】利用函数 imread 显示一幅二值图像，如图 4.10（a）所示；取反后的图像调用 imshow(~BW)命令显示，如图 4.10（b）所示。

源代码：

```
BW=imread('circles.jpg');
imshow(BW);
figure,imshow(~BW);
```

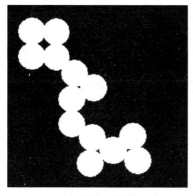 

（a）原始二值图像　　　　　　　　　　（b）取反后的二值图像

图 4.10　二值图像及取反后的图像

imshow 函数通过以下设置来控制图像显示颜色的属性。

（1）图像的 CData 属性被设置为 BW 中的数值。

（2）图像的 CDataMapping 属性被设置为 direct。

（3）坐标轴的 CLim 属性被设置为[0,1]。

（4）图形窗口的 Colormap 属性被设置为一个数值范围从黑到白的灰度级调色板。

需要说明的是，以上图像属性设置是由 imshow 函数自动完成的，以上说明仅供了解。

4.3.3　图像文件的查询

MATLAB 为用户提供了 imfinfo 函数，用于从图像文件中查询信息。这里获取的信息与文件类型有关。但是，不管是哪种类型的图像文件，都至少包含下面几项内容。

（1）文件名。当该文件不在当前路径下时，还包含该文件的完整路径。

（2）文件格式。

（3）文件格式的版本号。

（4）文件修改时间。

（5）文件的字节大小。

（6）图像的宽度（像素）。

（7）图像的长度（像素）。

（8）每个像素的位数。

（9）图像类型，即该图像是真彩色（RGB）图像、灰度图像，还是索引图像。

【例 4.11】在 MATLAB 的命令行中输入 inf=imfinfo('woman.jpg')，查询文件 woman.jpg 的信息，按 Enter 键执行后，结果如下：

```
Filename: 'D:\MATLAB\bin\woman.jpg'
FileModDate: '14-Jan-2021 10:14:32'
FileSize: 29058
Format: 'jpg'
FormatVersion: ''
Width: 500
Height: 500
BitDepth: 8
ColorType: 'grayscale'
FormatSignature: ''
NumberOfSamples: 1
CodingMethod: 'Huffman'
CodingProcess: 'Sequential'
Comment: {}
```

4.4　图像处理中 MATLAB 的常用函数

图像处理中有很多 MATLAB 的常用函数，关于 MATLAB 函数的具体应用，可以查阅 MATLAB 的帮助文件，其中有详细的说明。这里重点介绍一下图像处理中与图像的代数运算有关的常用 MATLAB 函数。

图像的代数运算是指图像的标准算术操作的实现方法，是两幅输入图像之间进行点对点的加、减、乘、除运算后得到输出图像的过程。图像的代数运算在图像处理中有着广泛的应用，除了可以实现自身所需的算术操作，还能为许多复杂的图像处理做准备。表 4.6 列出了图像处理工具箱中的代数运算函数。

表 4.6　图像处理工具箱中的代数运算函数

函　数　名	功　　能
imabsdiff	两幅图像的绝对差值
imadd	两幅图像的加法
imcomplement	补足一幅图像
imdivide	两幅图像的除法
imlincomb	计算两幅图像的线性组合
immultiply	两幅图像的乘法
imsubtract	两幅图像的减法

1．图像的加法运算

在 MATLAB 中，如果要进行两幅图像的加法运算，则可以调用 imadd 函数来实现。imadd 函数将某一幅输入图像的每个像素值与另一幅图像相应的像素值相加，返回相应的像素值之和作为输出图像。imadd 函数的调用格式如下：

```
Z=imadd(X,Y)
```

【例 4.12】利用 imadd 函数给一幅图像加上一个常数。

【实例分析】图 4.11（a）表示原始图像；Iplus50 = imadd(I,50)表示调用 imadd 函数，并为原始图像加上一个常数 50，Iplus50 为相加后的图像，如图 4.11（b）所示。

源代码：

```
I = imread('rice.png');
Iplus50 = imadd(I,50);
figure, imshow(I), figure, imshow(Iplus50)
```

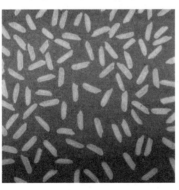 

（a）原始图像　　　　　　　　　　　　　　（b）相加后的图像

图 4.11　利用 imadd 函数给一幅图像加上一个常数

【例 4.13】两幅图像相加。

【实例分析】图 4.12（a）、（b）表示两幅原始图像，调用 imadd 函数，利用"K = imadd(I,J);"实现两幅图像的相加，结果如图 4.12（c）所示。

源代码：

```
I = imread('rice.png');
J = imread('cameraman.tif');
K = imadd(I,J);
imshow(I);
figure,imshow(J);
figure, imshow(K)
```

（a）原始 rice 图像　　　　　　（b）原始 cameraman 图像　　　　　（c）两幅图像相加后的结果

图 4.12　两幅图像相加

图像加法运算的主要应用如下。

（1）加法运算可以把同一景物的多重影像加起来求平均，可有效降低影像中的随机噪声。

（2）加法运算可用于将一幅图像的内容经配准后叠加到另一幅图像上，以改善图像的视觉效果，即可以为了某种增强效果的需要而把多幅影像有目的地叠加在一起。将两幅无关的图像相加意味着将它们的直方图进行卷积，经过相加运算得到的图像将比两幅原始图像占有更大的灰度级范围。

（3）图像相加可以将一幅图像的内容加到另一幅图像上，以达到二次曝光的要求。

（4）在多光谱图像中，通过加法运算可以加宽波段，如绿色波段和红色波段图像相加可以得到近似全色图像，而绿色波段、红色波段和红外波段图像相加可以得到全色红外图像。

（5）加法运算可以得到各种图像合成效果，也可以用于两幅图像的衔接。

2．图像的减法运算

在 MATLAB 中，使用 imsubtract 函数可以将一幅图像从另一幅图像中减去，或者从一幅图像中减去一个常数。imsubtract 函数将一幅输入图像的像素值从另一幅输入图像相应的像素值中减去，再将这个结果作为输出图像相应的像素值。imsubtract 函数的调用格式如下：

```
Z = imsubtract(X, Y)
```

【例 4.14】两幅图像相减。

【实例分析】图 4.13（a）表示原始图像，调用 imsubtract 函数，利用"Ip = imsubtract (I,background);"实现两幅图像的相减，图 4.13（b）表示相减后的图像。

源代码：

```
I = imread('rice.png');
background = imopen(I,strel('disk',15));
Ip = imsubtract(I,background);
imshow(I), figure, imshow(Ip,[])
```

（a）原始图像　　　　　　　　　　　　　（b）相减后的图像

图 4.13　两幅图像相减

图像减法运算的主要应用如下。

（1）在进行图像处理时，往往要突出所研究的对象。去除背景效果，能够去除部分系统影响，突出观测物体本身。两幅图像相减即可获得仅有物体的图像。注意：相减后的灰度不变。

（2）在计算用于确定物体边界位置的梯度时，也要用到图像的减法运算，因为两幅不完全对准的图像进行减法运算可以得到图像不同方向的梯度图像，从而突出图像上目标的边缘信息。

（3）若有两个不同波段的图像，则通过减法运算，可以增加不同地物光谱反射率及在两个波段上变化趋势相反时的反差；若同一波段但不同时间的两个图像相减，则可以提取波段间的变化信息。

（4）图像相减可用于去除一幅图像中不需要的加性图案。加性图案可能是缓慢变化的背景阴影、周期性的噪声或在图像的每个像素处均已知的附加污染等。

（5）减法运算可以根据地物光谱差异分出地物类别，因此，有助于利用遥感影像进行地物分类。

3. 图像的乘法运算

在 MATLAB 中，使用 immultiply 函数实现两幅图像的乘法。immultiply 函数将两幅图像相应的像素值进行元素对元素的乘法操作（MATLAB 点乘），并将乘法的运算结果作为输出图像相应的像素值。immultiply 函数的调用格式如下：

Z = immultiply(X, Y)

【例 4.15】将两幅图像相乘。

【实例分析】图 4.14（a）表示原始图像，调用 immultiply 函数，利用"J = immultiply (I,I16);"实现两幅图像相乘，图 4.14（b）表示相乘后的图像。

源代码：

```
I = imread('moon.tif');
I16 = uint16(I);
J = immultiply(I,I16);
figure, imshow(I), figure, imshow(J)
```

（a）原始图像　　　　　　　　　　　（b）相乘后的图像

图 4.14　相乘前后的图像对比

图像的乘法运算主要可以用来遮掉图像中的某些部分。设置一个掩膜图像，在相应原始图像需要保留的部分，让掩膜图像的值为 1；而在需要抑制的部分，让掩膜图像的值为 0。掩膜图像与原始图像相乘就可以抹去其中的部分区域。

4. 图像的除法运算

在 MATLAB 中，使用 imdivide 函数实现两幅图像的除法运算。imdivide 函数对两幅输入图像的所有相应像素执行元素对元素的除法操作（MATLAB 点除），并将得到的结果作为输出图像的相应像素值。imdivide 函数的调用格式如下：

Z = imdivide(X, Y)

【例 4.16】将两幅图像相除。

【实例分析】图 4.15（a）表示原始图像，调用 imdivide 函数，利用"Ip = imdivide (I,background);"实现原始图像与背景图像的除法运算，图 4.14（b）表示相除后的图像。

源代码：

```
I = imread('cameraman.tif');
background = imopen(I,strel('disk',15));
Ip = imdivide(I,background);
imshow(I); figure, imshow(Ip,[])
```

（a）原始图像　　　　　　　　　　（b）相除后的图像

图 4.15　相除前后图像的对比

图像除法运算的主要应用如下。

（1）除法操作给出的是相应像素值的变化比率，而不是每个像素值的绝对差值，图像相除又称比值处理，是遥感图像处理中常用的方法。

（2）除法运算可以用于去除因数字化仪的灵敏度随空间变化而造成的影响。另外，除法运算还被用于产生比率图像，这对于多光谱图像的分析是十分有用的，如同谱异物、同物异谱的分析。

（3）通过除法运算可以提取颜色和光谱信息，以及植被或其他地物信息；可以抑制由地形坡度和方向引起的辐射量变化，消除地形起伏的影响。

（4）除法运算可以用来区分一幅图像中的不同颜色区域、消除地形起伏的影响，也可以增强某些地物之间的反差。

4.5　课程思政

数字图像处理课程既注重理论基础，又强调实践实用，要求学生不仅掌握数字图像的增强、复原、分割和压缩等图像处理算法，还能够通过程序实现这些算法。本章主要为后续的编程和算法实现打基础。在实践过程中，经常听到学生说："这计算机有问题，程序是对的，运行结果怎么就是不对？"一般可以这样回答："计算机最老实了，让它干什么就干什么，关键你得正确指挥；把算法原理弄懂了，再把它转换成正确的算法。"

数字图像处理主要通过 MATLAB 编程实现各种图像处理算法，通过实验结果验证算法原理。"实践是检验真理的唯一标准"，本章可以引导学生将理论与实践相结合，在实践中不断获取新知识。

本章小结

本章从介绍 MATLAB 图像处理工具箱入手，主要介绍了以下几方面的内容。

1. MATLAB 中的图像类型及类型转换

MATLAB 图像处理工具箱支持 4 种图像类型，包括真彩色图像、索引图像、灰度图像和二值图像。不同图像类型之间的转换可以调用不同的 MATLAB 函数。

2. 图像文件的读/写、显示和查询

在 MATLAB 中，图像文件的读取、写入及显示都可通过调用函数来实现。不同类型的图像显示方法不同，索引图像、灰度图像、真彩色图像、二值图像的显示都可通过调用 imshow 函数实现。

3. 图像处理中 MATLAB 的常用函数

图像处理中 MATLAB 的常用函数部分重点介绍了图像的代数运算，包括图像的加减乘除运算函数及相关的应用。

练习四

一、填空题

1. MATLAB 图像处理工具箱支持 4 种图像类型：真彩色图像、索引图像、灰度图像和_____。

2. ind2gray 函数的功能是_____。

3. MATLAB 为用户提供了_____函数，用于从图像文件中查询其信息。

4. 索引图像、灰度图像、真彩色图像及二值图像的显示都可通过调用_____函数实现。

5. imadd 函数将某一幅输入图像的每一个像素值与另一幅图像相应的像素值相加，返回相应的_____之和作为输出图像。

二、选择题

1．两幅图像相减，可以（　　　）。

A．获得图像的轮廓　　　　　　　　　　B．突出两幅图像的差异

C．使得图像更清晰　　　　　　　　　　D．消除噪声

2．在 MATLAB 的 m 文件中，用于注释的符号是（　　　）。

A．/　　　　　　　　B．//　　　　　　　　C．%　　　　　　　　D．~

3．如果要清除命令窗口，则可以使用（　　　）。

A．clear　　　　　　B．close　　　　　　C．clf　　　　　　D．clc

4．以下查询图像文件信息正确的是（　　　）。

A．info('ngc6543a.jpg')　　　　　　　　B．imfinfo('ngc6543a.jpg')

C．info ngc6543a.jpg　　　　　　　　　D．imfinfo ngc6543a.jpg

5．将灰度图像转换为二值图像的命令是（　　　）。

A．gray2bw　　　　　B．im2bw　　　　　C．ind2bw　　　　　D．rgb2bw

三、程序题

1．应用 MATLAB 语言编写程序，读入一幅真彩色图像，并分别将其转换为二值图像、灰度图像和索引图像。

2．编写 MATLAB 程序，采用 imfinfo 函数对图像文件进行信息查询。

3．编写 MATLAB 程序，显示不同类型的图像文件。

4．编写 MATLAB 程序，实现图像之间的基本代数运算。

5．将文件名为 liftingbody.png 的灰度图像抖动为二值图像；用 subplot 命令将界面分成两行一列，分别画出灰度图像和二值图像。

四、简答题

1．MATLAB 图像处理工具箱都包括什么？它们的作用是什么？

2．不同图像类型之间是怎样进行类型转换的？请举例说明。

3．从 imshow 函数的语法格式可知，不同类型的图像的显示方法也不同。试举例说明不同类型的图像用 imshow 函数显示的方法。

4．图像处理工具箱中的代数运算函数都有哪些？

5．图像的加减法运算主要应用于哪些方面？请举例说明。

第 5 章　图像增强

本章导读

　　图像增强是数字图像处理技术的一个重要分支，是一种用于改善图像质量、丰富图像信息、加强图像判读和识别效果的处理方法。本章主要介绍几种典型图像增强方法的基本原理及其 MATLAB 实现，包括空域的直方图修正法、灰度变换法和锐化法，频域的低通滤波法、高通滤波法和同态滤波法。另外，还简要介绍了彩色图像增强的处理方法。

本章要点

- 直方图修正：直方图均衡化、直方图规定化。
- 灰度变换：线性灰度变换、非线性灰度变换。
- 图像锐化：梯度锐化法、拉普拉斯锐化法。
- 频域图像增强：低通滤波、高通滤波、同态滤波。
- 彩色图像增强：伪彩色增强、真彩色增强。

　　图像增强是数字图像处理的基本研究内容，目的是突出图像中的感兴趣特征，削弱或消除不感兴趣特征，增大图像中不同特征间的差异。这样，一方面可以改善原始图像呈现出的视觉效果；另一方面，在计算机处理中，可以使原始图像信息转换成便于机器感知和理解的形式，提高识别和分析的质量。需要指出的是，图像增强处理不会增加图像的内在信息，但是能够增大信息的动态范围。按照处理方式的不同，图像增强的主要研究内容分为空域增强处理、频域增强处理和彩色图像增强处理。

5.1　基于直方图修正的图像增强

　　直方图修正是一种典型的空域图像增强处理方法。通过对直方图进行均衡化或规定化处理，修正后的图像可具有灰度分布均匀或灰度间距拉开的特性，能增强图像的对比度，使图像的细节更加清晰。

5.1.1　直方图

　　灰度级直方图是图像的一种统计表达，反映了图像中不同灰度级出现的统计概率。对于离散图像，直方图表示图像中各灰度级像素出现的相对频率，可以定义为如下离散函数

形式:

$$h(k) = n_k \qquad\qquad (5.1)$$

式中,k 表示第 k 级灰度,n_k 表示图像中灰度级为 k 的像素数目。如果进行归一化处理,则概率 $p_r(k) = n_k/n$,n 表示图像中像素的总数。

【例 5.1】绘制一幅灰度图像的直方图。

【实例分析】利用函数 imhist 计算灰度图像的直方图。图 5.1(a)是一幅灰度图像,图 5.1(b)是该图像的直方图。由结果可见,直方图的横坐标表示图像的灰度级,纵坐标表示各个灰度的像素数目。直方图反映了图像中灰度值的分布情况(此例中图像的中间灰度级像素数目多,动态范围小,图像对比度弱)。

源代码:

```
I = imread('human.jpg);
figure;
subplot(121), imshow(I);
subplot(122), imhist(I);
axis([0, 256, 0, 6000]);
```

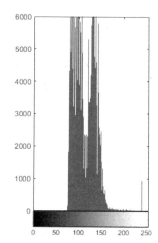

（a）灰度图像　　　　　　　（b）灰度图像的直方图

图 5.1　灰度图像及其直方图

直方图反映了图像中各灰度级像素出现的相对频率,具有以下性质。

- 表示图像的一维信息,只反映图像中像素的不同灰度值的出现次数,未反映像素位置,无空间信息。
- 直方图与图像满足一对多的关系。一幅图像只有唯一确定的直方图,但不同的图像可能有相同的直方图。
- 子图像直方图之和为整幅图像的直方图。

5.1.2 直方图均衡化

直方图均衡化是利用直方图变换调整图像对比度的一种典型方法。考虑到过度曝光图像的灰度级集中在高亮度范围内，而曝光不足图像的灰度级集中在低亮度范围内，直方图均衡化将原始图像的直方图变换为均匀分布的形式，这样就可以增大图像像素灰度值的动态范围，从而达到增强图像整体对比度的效果。

图 5.2 显示了图像直方图均衡化的作用：直方图均衡化通过改变图像直方图来改变图像中各像素的灰度，以增强图像的对比度。

（a）灰度图像　　　　　　　　　　　（b）直方图均衡化后的图像

图 5.2　直方图均衡化前后图像的对比

下面给出图像直方图均衡化过程的数学描述。设变量 r 表示图像中像素的灰度级，定义直方图变换式，令其满足以下映射关系：

$$s = T(r) \tag{5.2}$$

变换后，原始图像中的每个像素灰度级 r 都会对应一个 s 值。变换函数 $T(r)$ 满足以下条件。

（1） $T(r)$ 在 $0 \leq r \leq 1$ 中为单调递增函数，且 $0 \leq T(r) \leq 1$，保证变换前后原始图像各灰度级不倒置。

（2）反变换 $r = T^{-1}(s)$。$T^{-1}(s)$ 为单调递减函数，$0 \leq s \leq 1$，保证变换前后灰度值动态范围的一致性。

由概率论可知，如果已知原始图像的概率密度函数为 $p_r(r)$，则变换后图像的概率密度函数 $p_s(s)$ 可以由 $p_r(r)$ 求出。定义变量 s 的分布函数 $F_s(s)$ 为

$$F_s(s) = \int_{-\infty}^{s} p_s(s) \mathrm{d}s = \int_{-\infty}^{r} p_r(r) \mathrm{d}r \tag{5.3}$$

因为概率密度函数是分布函数的导数，所以公式两边同时对 s 求导数可得

$$p_s(s) = \frac{\mathrm{d}F_s(s)}{\mathrm{d}s} = p_r(r) = \frac{\mathrm{d}r}{\mathrm{d}[T(r)]} \tag{5.4}$$

又因为 $r \in [0,1]$，$p_s(s)$ 在 $[0,1]$ 上均匀分布，所以 $p_s(s) = 1$，最终得到直方图均衡化的

灰度变换函数为

$$s = T(r) = \int_0^r p_r(r)\mathrm{d}r \qquad (5.5)$$

【例 5.2】通过实例说明直方图均衡化对图像及其直方图的影响。

【实例分析】图 5.3 给出了直方图均衡化处理前后的图像及直方图的分布情况。由结果可见，均衡化后，直方图趋向平坦，灰度合并，像素数较多的灰度级间隔被拉大；图像更加清晰，视觉能够接收的信息量大大增大。

图 5.3　直方图均衡化处理前后的图像及其直方图的分布情况

源代码：

```
I=rgb2gray(imread('tree.jpg'));
figure;
subplot(2,2,1),imshow(I);title('原始图像');
[m,n]=size(I);
GP=zeros(1,256);
for k=0:255
    GP(k+1)=length(find(I==k))/(m*n);
end
subplot(2,2,2),bar(0:255,GP,'g');
title('原始图像直方图')
xlabel('灰度值')
ylabel('出现概率')
S1=zeros(1,256);
for i=1:256
```

```
        for j=1:i
            S1(i)=GP(j)+S1(i);
        end
    end
end
S2=round((S1*256)+0.5);
for i=1:256
    GPeq(i)=sum(GP(find(S2==i)));
end
subplot(2,2,3),bar(0:255,GPeq,'b')
title('均衡化后的直方图')
xlabel('灰度值')
ylabel('出现概率')
I1=I;
for i=0:255
    I1(find(I==i))=S2(i+1);
end
subplot(2,2,4),imshow(I1)
title('均衡化后的图像')
```

5.1.3 直方图规定化

直方图规定化的目的是通过一个灰度映像函数将图像灰度直方图调整成某个特定的形状，从而有选择地增强某个灰度值范围内的对比度，改善视觉效果，以实现图像增强。直方图规定化又称为直方图匹配，其关键问题就是灰度映像函数的选择。规定化处理可以把直方图均衡化作为桥梁，最终获得灰度映像函数，具体步骤如下。

（1）对图像的灰度直方图进行均衡化处理，得到一个变换函数 $s = T(r)$，其中，r 表示原始像素灰度级，s 表示均衡化后的像素灰度级。

（2）对规定直方图进行均衡化处理，得到一个变换函数 $v = G(z)$，其中，z 表示规定的像素灰度级，v 表示均衡化后的像素灰度级。

（3）选择适当的 v_k 与 s_j 点对，使 $v = s$。通过均衡化作为中间结果，得到原始像素灰度级 r 和规定化后像素灰度级 z 之间的映射关系。

下面给出图像直方图规定化处理过程的数学描述。设 $p_r(r)$ 表示原始图像的灰度密度函数，$p_z(z)$ 表示规定化后希望得到的灰度密度函数。对 $p_r(r)$ 及 $p_z(z)$ 做直方图均衡化处理，可得

$$s = T(r) = \int_0^r p_r(r)\mathrm{d}r \qquad 0 \leqslant r \leqslant 1 \tag{5.6}$$

$$v = G(z) = \int_0^z p_z(z)\mathrm{d}z \qquad 0 \leqslant z \leqslant 1 \tag{5.7}$$

经上述变换后，灰度级 r 映射到灰度级 s，灰度级 z 映射到灰度级 v，s 和 v 的密度函

数均满足均匀分布。把直方图均衡化作为桥梁，实现从 $p_r(r)$ 到 $p_z(z)$ 的转换。利用 s 和 v 分布相同的特点，建立灰度级 r 与灰度级 z 的联系，有

$$z = G^{-1}(v) = G^{-1}(s) = G^{-1}[T(r)] \tag{5.8}$$

【例 5.3】通过实例说明直方图规定化对图像及其直方图的影响。

【实例分析】图 5.4 给出了直方图规定化前后的图像及其直方图的分布情况。由结果可见，规定化后，直方图按照特定形状排列，图像对比度增强，改善了视觉效果。

源代码：

```
I=imread('tree.jpg');
subplot(221)
imshow(I);
title('原始图像')
hgram=50:2:250;
J=histeq(I,hgram);
subplot(222)
imshow(J)
title('图像规定化')
subplot(223)
imhist(I,64)
title('原始图像直方图')
subplot(224)
imhist(J,64)
title('规定化后的直方图')
```

原始图像　　　　　图像规定化

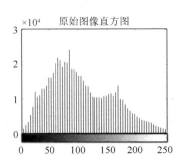

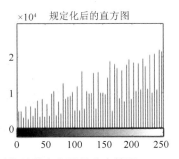

图 5.4　直方图规定化前后的图像及其直方图的分布情况

5.2 基于灰度变换的图像增强

灰度变换是图像增强的一种重要手段，属于空域方法。灰度变换将原始图像的灰度函数 $f(x,y)$ 经过变换函数 $T(\cdot)$ 映射成新的灰度函数 $g(x,y)$，即 $g(x,y)=T[f(x,y)]$。在变换过程中，每个像素 (x,y) 都经过同样的处理，因此又称为点处理，其处理结果与图像像素位置及被处理像素邻接灰度无关。通过变换，图像灰度级的整体范围或局部范围能得到扩展或压缩，可以加大图像像素灰度值的动态范围，增强图像对比度和图像特征，使图像视觉效果更加清晰。下面介绍两种典型的灰度变换方法，即线性灰度变换和非线性灰度变换。

5.2.1 线性灰度变换

线性灰度变换表示对图像灰度进行线性扩张或压缩，通过建立线性灰度映射调整图像灰度，映射关系如图 5.5 所示。映射函数为直线方程，其表达式为

$$g = a' + \frac{b'-a'}{b-a}(f-a) \tag{5.9}$$

式中，灰度函数 f 的范围为 $[a,b]$，灰度函数 g 的范围为 $[a',b']$。当 $\dfrac{b'-a'}{b-a}>1$ 时，变换后图像像素灰度值的动态范围增大，即对比度增强，图像视觉效果更加清晰；当 $0<\dfrac{b'-a'}{b-a}<1$ 时，变换后图像像素灰度值的动态范围缩小，即对比度减弱，图像视觉效果易出现模糊、层次不清现象；当 $\dfrac{b'-a'}{b-a}<0$ 时，图像较亮区域变暗，较暗区域变亮。

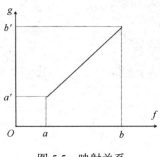

图 5.5　映射关系

下面介绍 3 种典型的线性灰度变换映射关系。

当 $\dfrac{b'-a'}{b-a}=1$ 时，映射函数可表示为 $g = f + a' - \dfrac{(b'-a')a}{b-a}$，其中 $a' - \dfrac{(b'-a')a}{b-a}$ 为常数，即映射函数为增加（或减少）一个常数。这样可使所有像素灰度值上移（或下移），压缩灰度值动态范围，减弱图像对比度，使整个图像更亮（或更暗），映射关系图如图 5.6 所示。

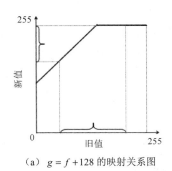
（a）$g = f + 128$ 的映射关系图

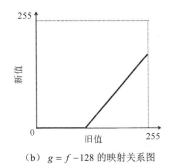
（b）$g = f - 128$ 的映射关系图

图 5.6　映射关系图

当 $\dfrac{b'-a'}{b-a} = -1$ 且 $a' - \dfrac{(b'-a')a}{b-a} = 255$ 时，$g = -f + 255$。此时，变换后图像的灰度值反转，即黑变白、白变黑。图像灰度反转变换适用于增强图像暗区域的白色或灰色细节。$g = -f + 255$ 的映射关系图如图 5.7 所示。

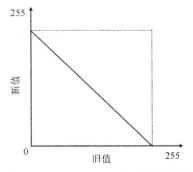

图 5.7　$g = -f + 255$ 的映射关系图

当 $a' - \dfrac{(b'-a')a}{b-a} = 0$ 时，$g = \dfrac{b'-a'}{b-a}f$，即映射函数为乘一个常数。图 5.8 给出了 $g = 0.5f$ 和 $g = 2f$ 的映射关系图。由于 $\dfrac{b'-a'}{b-a}$ 的数值大小不同，所以图 5.8（a）中的灰度值出现了压缩现象，图 5.8（b）中的灰度值出现了扩展现象。

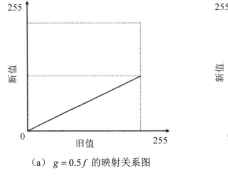
（a）$g = 0.5f$ 的映射关系图

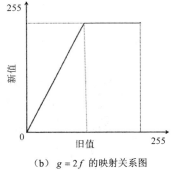
（b）$g = 2f$ 的映射关系图

图 5.8　$g = 0.5f$ 和 $g = 2f$ 的映射关系图

【例 5.4】采用线性灰度变换方法进行图像增强处理。分别对映射函数进行如下 3 种线性操作：①加常数；②乘常数；③图像灰度反转。

【实例分析】图 5.9 给出了 3 种线性灰度变换前后的图像及其直方图的分布情况。由结果可见，灰度加性变换后，能提高图像亮度，但对比度减弱；灰度乘性变换后，灰度值的动态范围缩小；灰度反转变换后，得到图像的负片，能增强图像暗区域的白色或灰色细节。

源代码：

```
ori_img = imread('tree1.jpg');
ori_img = rgb2gray(ori_img);
[oriHist,oriX] = imhist(ori_img);
k = 1;
d = 50;
gray2 = ori_img * k + d;
[g2Hist,g2X] = imhist(gray2);
k = 0.5;
d = 0;
gray3 = ori_img * k + d;
[g3Hist,g3X] = imhist(gray3);
k = -1;
d = 255;
ori_ = im2double(ori_img);
gray4 = ori_ * k + 1.0;
[g4Hist,g4X] = imhist(gray4);
figure(3),subplot(1,2,1),imshow(ori_img),title('原始图像');
subplot(1,2,2),imshow(gray2),title('k=1 d=50');
figure(4),subplot(1,2,1),stem(oriX,oriHist),title('原始图像直方图');
subplot(1,2,2),stem(g2X,g2Hist),title('k=1 d=50 直方图');
figure(5),subplot(1,2,1),imshow(ori_img),title('原始图像');
subplot(1,2,2),imshow(gray3),title('k=0.5 d=0');
figure(6),subplot(1,2,1),stem(oriX,oriHist),title('原始图像直方图');
subplot(1,2,2),stem(g3X,g3Hist),title('k=0.5 d=0 直方图');
figure(7),subplot(1,2,1),imshow(ori_img),title('原始图像');
subplot(1,2,2),imshow(gray4),title('k=-1 d=255');
figure(8),subplot(1,2,1),stem(oriX,oriHist),title('原始图像直方图');
subplot(1,2,2),stem(g4X,g4Hist),title('k=-1 d=255 直方图');
```

原始图像　　　　　　　　　　k=1 d=50

（a）灰度加性变换前后的图像

图 5.9　3 种线性灰度变换前后的图像及其直方图的分布情况

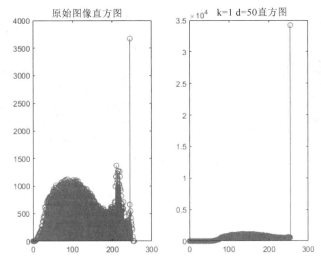

（b）灰度加性变换前后的直方图

（c）灰度乘性变换前后的图像

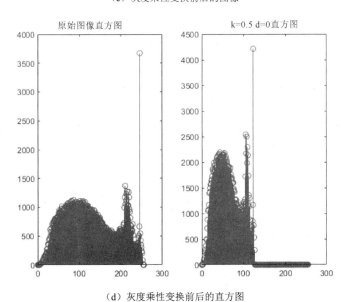

（d）灰度乘性变换前后的直方图

图 5.9　3 种线性灰度变换前后的图像及其直方图的分布情况（续）

（e）灰度反转变换前后的图像

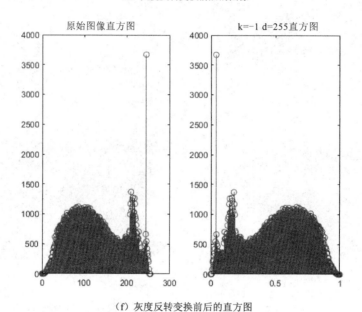

（f）灰度反转变换前后的直方图

图 5.9　3 种线性灰度变换前后的图像及其直方图的分布情况（续）

5.2.2　非线性灰度变换

非线性灰度变换利用非线性函数对图像灰度进行变换，主要包括对数变换、幂律变换和指数变换。

1.　对数变换

对数变换可以实现图像灰度的扩展和压缩，即扩展低灰度级区的动态范围，压缩高灰度级区的动态范围。这种变换能使图像灰度分布与人的视觉特性相匹配，变换关系可具体描述为

$$g = a + c \cdot \lg(f+1) \tag{5.10}$$

式中，a 表示偏置参数，c 表示比例系数。图 5.10 给出了偏置参数为 0 时对数变换函数的映射图，图示曲线形状表明，变换后灰度较暗部分 $f < L/4$ 映射到较大范围 $[0, 3L/4]$，而较

亮部分映射到较小范围。该变换适用于扩展图像中暗像素的值，同时压缩高灰度级区的动态范围。

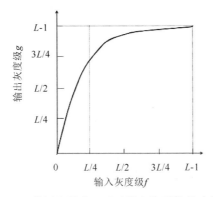

图 5.10　偏置参数为 0 时对数变换函数的映射图

【例 5.5】采用对数变换方法实现图像增强。

【实例分析】图 5.11 给出了原始图像和经过对数变换后的图像。由结果可见，利用对数变换可以压缩亮处细节，放大暗处细节。

图 5.11　原始图像和经过对数变换后的图像

源代码：

```
f=imread(' tree.jpg');
g=0.2*log(1+double(f));
figure()
subplot(1,2,1);imshow(f)
subplot(1,2,2);imshow(g)
```

2．幂律变换

幂律变换又称伽马变换，作用是将部分灰度级区域映射到更大的区域中，其一般形式为

$$g = cf^{\gamma} \tag{5.11}$$

式中，c 和 γ 为正常数，图 5.12 给出了不同 γ 值下的变换曲线。

由图 5.12 可见，当 $\gamma > 1$ 时，会拉伸图像中灰度级较高的区域，压缩灰度级较低的区域，γ 的值越大，效果越强；当 $\gamma < 1$ 时，会拉伸图像中灰度级较低的区域，压缩灰度级较

高的区域，γ 的值越小，效果越强；当 $\gamma = 1$ 时，幂律变换变成线性变换，此时通过线性方式改变原始图像。

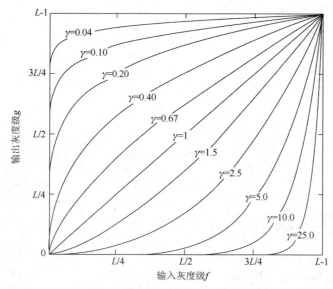

图 5.12　不同 γ 值下的变换曲线

【例 5.6】采用幂律变换方法实现图像增强。

【实例分析】图 5.13（a）给出了 $\gamma = 0.1$ 时的原始图像和幂律变换图像，可以看出，变换后的图像放大了暗处细节，压缩了亮处细节；图 5.13（b）给出了 $\gamma = 10$ 时的原始图像和幂律变换图像，可以看出，变换后的图像的亮处细节更加清晰。幂律变换可以拉伸图像的对比度，扩展灰度级。

源代码：

```
f=imread(' tree1.jpg');
g=double(f).^0.1;
figure()
subplot(1,2,1);imshow(f,[])
subplot(1,2,2);imshow(g,[])
g=double(f).^10;
figure()
subplot(1,2,1);imshow(f,[])
subplot(1,2,2);imshow(g,[])
```

3．指数变换

指数变换的作用与对数变换的作用相反，主要用来扩展图像的高灰度级，压缩低灰度级，适用于处理过亮的图像，其一般形式为

$$g = b \cdot \exp[c \cdot (f - a)] \tag{5.12}$$

式中，参数 a 用于控制曲线的左右位置；参数 b、c 用于控制曲线的形状。

（a）γ=0.1 时的原始图像和幂律变换图像

（b）γ=10 时的原始图像和幂律变换图像

图 5.13 原始图像与幂律变换图像

【例 5.7】采用指数变换方法实现图像增强。

【实例分析】图 5.14 给出了 $a=-6$、$b=1$、$c=-0.5$ 时的指数变换前后图像效果的比较。指数变换可以扩展图像的高灰度级，压缩低灰度级。与幂律变换相比，图像经过指数变换后，对比度增强。

原始图像   指数变换后的图像

图 5.14 指数变换示例

源代码：

```
I = imread(' tree1.jpg');
J = im2double(I);
K2 = exp(-0.5.*J + 3);
K2 = uint8(K2);
figure;
```

```
subplot(121);imshow(I);title('原始图像');
subplot(122);imshow(K2,[]);title('指数变换后的图像')
```

5.3 图像锐化处理

图像锐化是为了增强图像的边缘、轮廓或某些线性目标要素的特征，使模糊图像变得清晰。这种图像增强处理方法能增大目标物体与周围像素之间的反差，因此也被称为边缘增强。

锐化通过增强高频分量来减轻图像的模糊程度。本节介绍一种典型的图像锐化处理方法——微分法。微分法主要包括一阶微分法（如梯度锐化法）和二阶微分法（如拉普拉斯锐化法）。一阶微分法通过寻找图像一阶导数的最大值和最小值来增强边缘特征，通常将边界定位在梯度最大的方向。考虑到图像一阶导数取最大值时，二阶导数为零，二阶微分法通过寻找图像二阶导数的零穿越点来增强边缘特征。这两种方法均通过将特定的模板与图像进行卷积运算实现图像高频分量的增强。

5.3.1 梯度锐化法

图像边缘通常产生于灰度值的不连续（或突变）处或图像灰度梯度的急剧升降处。在数字图像处理中，一阶微分是用梯度实现的。梯度的方向是图像中灰度最大变化率的方向，梯度的幅度与相邻像素的灰度级差值成比例。对于一幅图像 $\boldsymbol{u}(x, y)$，它在位置 (x, y) 处的梯度可定义为下面的向量形式：

$$\nabla \boldsymbol{u} = \begin{bmatrix} \boldsymbol{G}_x \\ \boldsymbol{G}_y \end{bmatrix} = \begin{bmatrix} \dfrac{\partial \boldsymbol{u}}{\partial x} \\ \dfrac{\partial \boldsymbol{u}}{\partial y} \end{bmatrix} \tag{5.13}$$

式中，$\boldsymbol{G}_x$ 表示 $\boldsymbol{u}(x, y)$ 在 x 方向的灰度变化率，$\boldsymbol{G}_y$ 表示 $\boldsymbol{u}(x, y)$ 在 y 方向的灰度变化率。$\boldsymbol{G}_x$ 和 $\boldsymbol{G}_y$ 可近似为如下差分形式：

$$\boldsymbol{G}_x = \boldsymbol{u}(x, y+1) - \boldsymbol{u}(x, y) \tag{5.14}$$

$$\boldsymbol{G}_y = \boldsymbol{u}(x+1, y) - \boldsymbol{u}(x, y) \tag{5.15}$$

梯度的幅度定义为

$$|\nabla \boldsymbol{u}| = \sqrt{\boldsymbol{G}_x^2 + \boldsymbol{G}_y^2} \tag{5.16}$$

即 $\boldsymbol{u}(x, y)$ 在其最大变化率方向上的单位距离所增加的量。在进行图像处理时，梯度通常是指梯度的模，根据梯度可以得到锐化输出结果。这里介绍两种典型的梯度锐化法。

1. Roberts 锐化法

Roberts 锐化采用一种交叉微分运算，计算对角方向相邻的两个像素值之差，即利用如图 5.15 所示的一对 2×2 的模板在图像上移动，采取卷积运算的方式，以每个像素作为中心点计算其对应的梯度值。

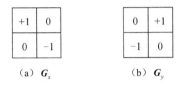

（a）G_x　　　　　　　（b）G_y

图 5.15　Roberts 锐化法

利用 Roberts 模板可作用于中心像素点的 2×2 邻域，这样，沿 x 轴和 y 轴方向的梯度成分可分别采用如下的形式近似：

$$G_x = u(x, y) - u(x+1, y+1) \tag{5.17}$$

$$G_y = u(x+1, y) - u(x, y+1) \tag{5.18}$$

定义梯度幅值为

$$G(x, y) = |u(x, y) - u(x+1, y+1)| + |u(x+1, y) - u(x, y+1)| \tag{5.19}$$

当 $G(x, y)$ 大于设定阈值时，认为 (x, y) 点为边缘点。在 Roberts 锐化过程中，图像的最后一行和最后一列无法计算，可以利用前一行或前一列的梯度值近似代替。

【例 5.8】利用 Roberts 锐化法对 lena 图像进行增强处理。

【实例分析】图 5.16（a）是原始图像，图 5.16（b）是 Roberts 锐化后的图像。由结果可见，该方法对高频边缘信息的提取能力较弱。

源代码：

```
I=imread('lena.tiff');
grayPic=rgb2gray(I);
figure(1);
imshow(grayPic);
[high,width]=size(grayPic);
newGrayPic=grayPic;
robertsNum=0;
robertThreshold=0.8;
for j=1:high-1
    for k=1:width-1
        robertsNum = abs(grayPic(j,k)-grayPic(j+1,k+1)) + abs(grayPic(j+1,k)-grayPic(j,k+1));
        newGrayPic(j,k)=robertsNum;
    end
end
```

```
figure(2);
imshow(newGrayPic);
```

（a）原始图像　　　　　　　　　　　（b）Roberts 锐化后的图像

图 5.16　Roberts 锐化前后图像对比

2. Sobel 锐化法

Sobel 锐化是一种典型的基于一阶梯度的锐化处理方法。它利用如图 5.17 所示的一对 3×3 的模板在图像上移动，采取卷积运算的方式，以每个像素作为中心点计算其对应的梯度值，最终分别产生图像的水平梯度图和垂直梯度图。

−1	0	1
−2	0	2
−1	0	1

−1	−2	−1
0	0	0
1	2	1

（a）G_x　　　　　　　　　　　（b）G_y

图 5.17　Sobel 锐化法

这里，在水平模板 G_x 的作用下产生的水平梯度图对垂直边缘的响应较强，在垂直模板 G_y 作用下产生的垂直梯度图对水平边缘的响应较强。模板中设定权值系数为 2，旨在通过强调中心点的作用来增强边缘锐化的平滑性。

利用 Sobel 模板可作用于中心像素点的 3×3 邻域，这样，沿 x 轴和 y 轴方向的梯度成分可分别采用如下的形式近似：

$$G_x = -u(x-1, y-1) + u(x-1, y+1) - 2u(x, y-1) + 2u(x, y+1) - \\ u(x+1, y-1) + u(x+1, y+1) \tag{5.20}$$

$$G_y = -u(x-1, y-1) + u(x+1, y-1) - 2u(x-1, y) + 2u(x+1, y) - \\ u(x-1, y+1) + u(x+1, y+1) \tag{5.21}$$

在数字图像中，如果依据两个像素间的像素数计算 Δx 和 Δy，令 $\Delta x = \Delta y = 2$，则梯度分量 G_x 和 G_y 的微分形式可分别表示为

$$G_x = \frac{1}{2}\left(\frac{\partial \boldsymbol{u}(x+1, y-1)}{\partial x} + 2\frac{\partial \boldsymbol{u}(x+1, y)}{\partial x} + \frac{\partial \boldsymbol{u}(x+1, y+1)}{\partial x}\right) \tag{5.22}$$

$$G_y = \frac{1}{2}\left(\frac{\partial \boldsymbol{u}(x-1, y+1)}{\partial y} + 2\frac{\partial \boldsymbol{u}(x, y+1)}{\partial y} + \frac{\partial \boldsymbol{u}(x+1, y+1)}{\partial y}\right) \tag{5.23}$$

【例 5.9】利用 Sobel 锐化法对图像进行增强处理。

【实例分析】图 5.18（a）是原始图像，图 5.18（b）是 Sobel 锐化后的图像。由结果可见，该方法能使高频边缘信息得到有效增强。

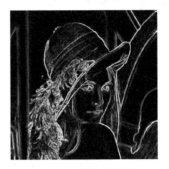

（a）原始图像　　　　　　　　　　　（b）Sobel 锐化后的图像

图 5.18　Sobel 锐化前后图像对比

源代码：

```
I=imread('lena.tiff');
I=rgb2gray(I);
[L,R]=size(I);
Y=double(I);
for i=2:L−1
    for j=2:R−1
        dx=(Y(i+1,j−1)−Y(i−1,j−1))+2*(Y(i+1,j)−Y(i−1,j))+(Y(i+1,j+1)−Y(i−1,j+1));
        dy=(Y(i−1,j+1)−Y(i−1,j−1))+2*(Y(i,j+1)−Y(i,j−1))+(Y(i+1,j+1)−Y(i+1,j−1));
        g(i,j)=sqrt(dx^2+dy^2);
    end
end
figure(1)
imshow(I);
figure(2)
imshow(uint8(g));
```

5.3.2　拉普拉斯锐化法

依据微积分理论，一阶导数的局部极大值对应二阶导数的过零点，因此，还可以通过图像二阶导数的零穿越点检测图像边缘。对于一幅图像 $\boldsymbol{u}(x, y)$，它在位置 (x, y) 处的二阶梯度可定义为下面的向量形式：

$$\nabla^2 \boldsymbol{u}(x,y) = [G_x^2, G_y^2]^{\mathrm{T}} \tag{5.24}$$

式中，G_x^2 和 G_y^2 分别表示沿 x 轴和 y 轴方向的二阶梯度，可近似为如下差分形式：

$$G_x^2 = \boldsymbol{u}(x, y+1) + \boldsymbol{u}(x, y-1) - 2\boldsymbol{u}(x,y) \tag{5.25}$$

$$G_y^2 = \boldsymbol{u}(x+1, y) + \boldsymbol{u}(x-1, y) - 2\boldsymbol{u}(x,y) \tag{5.26}$$

拉普拉斯（Laplacian）算子是一个具有各向同性的二阶导数算子，利用如图 5.19 所示的 3×3 的模板在图像上移动，并进行卷积运算，以每个像素作为中心点计算其对应的二阶梯度值。

0	−1	0
−1	4	−1
0	−1	0

图 5.19　拉普拉斯模板

该模板设定中心像素系数为正数，4-邻接的像素系数为负数，且所有系数的总和为零，从而抑制灰度偏移现象。如果利用拉普拉斯模板直接作用于中心像素点的 3×3 邻域，则图像 $\boldsymbol{u}(x,y)$ 的二阶导数对应于如下的离散近似形式：

$$G^2(\boldsymbol{u}(x,y)) = -\boldsymbol{u}(x-1,y) - \boldsymbol{u}(x,y-1) + 4\boldsymbol{u}(x,y) - \boldsymbol{u}(x,y+1) - \boldsymbol{u}(x+1,y) \tag{5.27}$$

仍按照两个像素间的像素数定义 Δx 和 Δy，令 $\Delta x = \Delta y = 1$，此时图像二阶梯度的微分形式可表示为

$$
\begin{aligned}
G^2(\boldsymbol{u}(x,y)) &= \frac{\partial \boldsymbol{u}(x,y)}{\partial x} + \frac{\partial \boldsymbol{u}(x,y)}{\partial y} - \frac{\partial \boldsymbol{u}(x,y+1)}{\partial y} - \frac{\partial \boldsymbol{u}(x+1,y)}{\partial x} \\
&= -\frac{\partial^2 \boldsymbol{u}(x+1,y)}{\partial x^2} - \frac{\partial^2 \boldsymbol{u}(x,y+1)}{\partial y^2}
\end{aligned}
\tag{5.28}
$$

可见，拉普拉斯算子满足二阶导数的特性。

【例 5.10】利用拉普拉斯锐化法对图像进行增强处理。

【实例分析】图 5.20（a）是原始图像，图 5.20（b）是拉普拉斯锐化后的图像。由结果可见，该方法可使得图像中的细节信息得到有效增强。

源代码：

```
I=imread('lena.tiff');
figure(1)
imshow(I)
I=im2double(I);
```

```
[m,n,c]=size(I);
A=zeros(m,n,c);
for i=2:m-1
    for j=2:n-1
        A(i,j,1)=I(i+1,j,1)+I(i-1,j,1)+I(i,j+1,1)+I(i,j-1,1)-4*I(i,j,1);
    end
end
for i=2:m-1
    for j=2:n-1
        A(i,j,2)=I(i+1,j,2)+I(i-1,j,2)+I(i,j+1,2)+I(i,j-1,2)-4*I(i,j,2);
    end
end
for i=2:m-1
    for j=2:n-1
        A(i,j,3)=I(i+1,j,3)+I(i-1,j,3)+I(i,j+1,3)+I(i,j-1,3)-4*I(i,j,3);
    end
end
B=I-A;
imwrite(B,'lena.tif','tif');
figure(2)
imshow('lena.tif')
```

（a）原始图像　　　　　　　　　（b）拉普拉斯锐化后的图像

图 5.20　拉普拉斯锐化前后图像对比

从一阶微分法和二阶微分法对图像进行锐化的效果可以看出，两种方法有以下几点区别。

（1）一阶微分法产生的边缘较宽，而二阶微分法产生的边缘较细。

（2）一阶微分法对图像中的灰度阶梯有较强的响应，而二阶微分法对图像中的细节有较强的响应。

（3）二阶微分法在图像中灰度值变化相似时，对线的响应强于对梯度的响应，对点的响应强于对线的响应。

⬚ 5.4　频域图像增强

5.4.1　低通滤波

滤波实际上是信号处理中的一个概念，而图像可以看成是一个二维信号，其像素点灰度值的高低可以代表信号的强弱。低通滤波是要保留图像中的低频分量而滤除高频分量，使图像平滑。在图像处理中，高频和低频分量的含义描述如下。

高频分量：图像中灰度变化剧烈的点，一般为图像轮廓或噪声。

低频分量：图像中平坦的、灰度变化不大的点，构成图像中的大部分区域。

低通滤波的理论基础是卷积定理，实现过程可以描述为

$$G(u,v) = H(u,v)F(u,v) \tag{5.29}$$

式中，$F(u,v)$ 表示噪声图像的傅里叶变换；$G(u,v)$ 表示滤波后图像的傅里叶变换；$H(u,v)$ 表示传递函数。选择合适的 $H(u,v)$，使 $F(u,v)$ 的高频分量得到衰减，得到 $G(u,v)$ 后经傅里叶反变换就可以得到增强后的图像 $g(x,y)$。因此，$H(u,v)$ 必须具有低通滤波的特性。下面介绍几种常见的低通滤波器。

1. 理想低通滤波器

理想低通滤波器的传递函数可表示为

$$H(u,v) = \begin{cases} 1 & D(u,v) \leqslant D_0 \\ 0 & D(u,v) > D_0 \end{cases} \tag{5.30}$$

式中，D_0 表示一个非负整数，称为截止频率；$D(u,v)$ 表示从频域的原点到点 (u,v) 的距离，即

$$D(u,v) = \left(u^2 + v^2\right)^{\frac{1}{2}} \tag{5.31}$$

该滤波器的工作原理是：在以原点为圆心、D_0 为半径的圆内，所有频率分量都无损地通过，而在该圆外的所有频率分量全部衰减。

$H(u,v)$ 对 u 和 v 而言是一幅三维图形，其透视图、俯视图和剖面图如图 5.21 所示。

理想低通滤波器具有物理不可实现性，并且会产生较严重的模糊和振铃现象。下面借助卷积定理解释该问题。因为

$$G(u,v) = H(u,v)F(u,v) \tag{5.32}$$

所以存在 $g(x,y) = h(x,y) * f(x,y)$。$H(u,v)$ 具有理想的矩形特性，其反变换 $h(x,y)$ 的特

性必然会产生无限的振铃特性，经与 $f(x,y)$ 卷积后，会引起 $g(x,y)$ 出现模糊和振铃现象，D_0 越小，这种现象越严重，其平滑效果也较差。这是理想低通滤波不可克服的弱点。

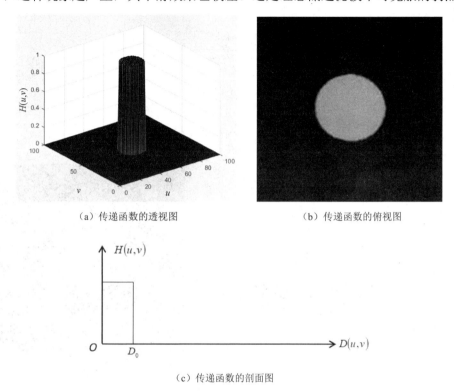

（a）传递函数的透视图　　　　　　　　（b）传递函数的俯视图

（c）传递函数的剖面图

图 5.21　传递函数的透视图、俯视图和剖面图

2. 巴特沃斯低通滤波器

巴特沃斯低通滤波器又称最大平坦滤波器。n 阶巴特沃斯低通滤波器的传递函数可由下式表示：

$$H(u,v) = \frac{1}{1+\left[\dfrac{D(u,v)}{D_0}\right]^{2n}} \tag{5.33}$$

式中，D_0 表示截止频率。因为在 D_0 点不存在尖锐的不连续性，所以可以在抑制噪声的同时，大大减小图像边缘的模糊程度，去除振铃效应。与理想低通滤波器不同，该滤波器是一种物理上可以实现的滤波器。

巴特沃斯低通滤波器传递函数的剖面图、透视图和俯视图如图 5.22 所示。该滤波器高低频率间的过渡比较平滑。一阶滤波器没有振铃现象，二阶滤波器的振铃现象也较难察觉，但更高阶数的滤波器的振铃现象会很明显。在实际应用中，可根据平滑效果和振铃现象的折中要求确定滤波器的阶数。

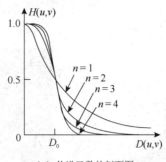

（a）传递函数的剖面图

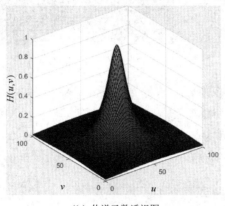

（b）传递函数透视图

（c）传递函数俯视图

图 5.22　巴特沃斯低通滤波器传递函数的剖面图、透视图和俯视图

3. 高斯低通滤波器

高斯低通滤波器的传递函数可由下式表示：

$$H(u,v) = e^{-D^2(u,v)/2D_0^2} \tag{5.34}$$

该滤波器没有振铃现象，其传递函数的剖面图、透视图和俯视图如图 5.23 所示。

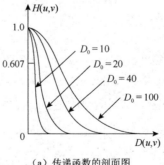

（a）传递函数的剖面图

图 5.23　高斯低通滤波器传递函数的剖面图、透视图和俯视图

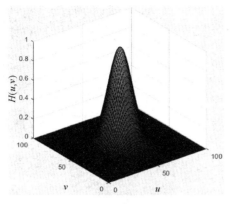

（b）传递函数的透视图

（c）传递函数的俯视图

图 5.23　高斯低通滤波器传递函数的剖面图、透视图和俯视图（续）

【例 5.11】利用低通滤波方法对图像进行增强处理。

【实例分析】图 5.24（a）是原始灰度图像，图 5.24（b）～（d）分别为理想低通滤波器、巴特沃斯低通滤波器、高斯低通滤波器处理后的图像增强效果。这里以构造巴特沃斯低通滤波器为例，给出 MATLAB 实现的源代码。由结果可见，当 $n=2$ 时，巴特沃斯低通滤波器增强后的图像有轻微的振铃现象。

源代码：

```
clear all;
clc;
I=imread('arc.jpg');
I=im2double(I);
M=2*size(I,1);
N=2*size(I,2);
u=-M/2:(M/2-1);
v=-N/2:(N/2-1);
[U,V]=meshgrid(u,v);
D=sqrt(U.^2+V.^2);
D0=50;
n=2;
H=1./(1+(D./D0).^(2*n));
J=fftshift(fft2(I,size(H,1),size(H,2)));
K=J.*H;
L=ifft2(ifftshift(K));
L=L(1:size(I,1),1:size(I,2));
figure;
subplot(121),imshow(I);
subplot(122);imshow(L);
```

（a）原始灰度图像

（b）理想低通滤波器增强效果

（c）巴特沃斯低通滤波器增强效果

（d）高斯低通滤波器增强效果

图 5.24　利用低通滤波方法对图像进行增强处理

5.4.2　高通滤波

图像中的边缘和灰度急剧变化部分与高频分量有关。低通滤波通过衰减图像中的高频分量可以平滑图像。相反地，高通滤波通过衰减图像中的低频分量保持高频分量不变可以达到图像锐化的目的。频域锐化可以消除模糊、突出边缘。与低通滤波器相对应，常用的高通滤波器有理想高通滤波器、巴特沃斯高通滤波器、高斯高通滤波器。

1. 理想高通滤波器

理想高通滤波器的传递函数可表示为

$$H(u,v) = \begin{cases} 0 & D(u,v) \leqslant D_0 \\ 1 & D(u,v) > D_0 \end{cases} \tag{5.35}$$

该滤波器的工作原理是：在以原点为圆心、D_0 为半径的圆内，所有频率分量完全衰减，而圆外的所有频率分量完全无损地通过。理想高通滤波器传递函数与理想低通滤波器传递函数正好相反。因此，理想高通滤波器同样具有振铃性质和物理不可实现性，只能在计算机模拟中实现。

理想高通滤波器传递函数的剖面图、透视图和俯视图如图 5.25 所示。

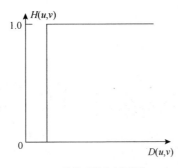

（a）传递函数的剖面图

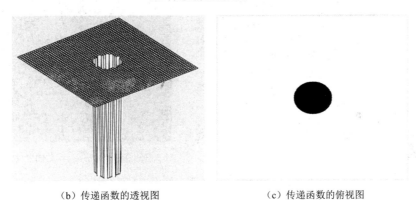

（b）传递函数的透视图　　　　　（c）传递函数的俯视图

图 5.25　理想高通滤波器传递函数的剖面图、透视图和俯视图

【例 5.12】利用理想高通滤波器对图像进行锐化处理。

【实例分析】图 5.26（a）是原始灰度图像，图 5.26（b）是理想高通滤波器处理后的图像锐化效果。可见，振铃现象导致图像失真，图像锐化后边界变粗。

源代码：

```
clear all;
clc;
I=imread('house.jpg');
I=im2double(I);
M=2*size(I,1);
N=2*size(I,2);
u=-M/2:(M/2-1);
v=-N/2:(N/2-1);
[U,V]=meshgrid(u,v);
```

```
D=sqrt(U.^2+V.^2);
D0=90;
H=double(D>=D0);
J=fftshift(fft2(I,size(H,1),size(H,2)));
K=J.*H;
L=ifft2(ifftshift(K));
L=L(1:size(I,1),1:size(I,2));
figure;
subplot(121);imshow(I);
subplot(122),imshow(L);
```

（a）原始灰度图像　　　　　　　　（b）理想高通滤波器处理后的图像锐化效果

图 5.26　利用高通滤波器对图像进行锐化处理

2. 巴特沃斯高通滤波器

n 阶巴特沃斯高通滤波器的传递函数可由下式表示：

$$H(u,v) = \frac{1}{1 + \left[\dfrac{D_0}{D(u,v)}\right]^{2n}} \tag{5.36}$$

与巴特沃斯低通滤波器相似，巴特沃斯高通滤波器在通带与阻带之间过渡平滑，没有明显的不连续性。因为高低频率间平滑过渡，所以用巴特沃斯高通滤波器处理的图像的振铃效果不明显，但 n 过大仍会造成振铃现象。

巴特沃斯高通滤波器传递函数的剖面图、透视图和俯视图如图 5.27 所示。

【例 5.13】利用巴特沃斯高通滤波器对图像进行锐化处理。

【实例分析】图 5.28（a）是原始灰度图像，图 5.28（b）是巴特沃斯高通滤波器处理后的图像锐化效果。因为经过高通滤波处理后，低频分量大部分被滤除，所以图像中的平滑区域灰度值的动态范围被压缩，图像整体上比较昏暗，而高频边界信息能得到明显增强。

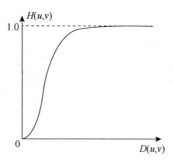

（a）传递函数的剖面图

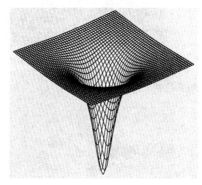

（b）传递函数的透视图　　　　　　　（c）传递函数的俯视图

图 5.27　巴特沃斯高通滤波器传递函数的剖面图、透视图和俯视图

源代码：

```
clear all;
clc;
I=imread('house.jpg');
I=im2double(I);
M=2*size(I,1);
N=2*size(I,2);
u=-M/2:(M/2-1);
v=-N/2:(N/2-1);
[U,V]=meshgrid(u,v);
D=sqrt(U.^2+V.^2);
D0=70;
n=2;
H=1./(1+(D0./D).^(2*n));
J=fftshift(fft2(I,size(H,1),size(H,2)));
K=J.*H;
L=ifft2(ifftshift(K));
L=L(1:size(I,1),1:size(I,2));
```

```
figure;
subplot(121),imshow(I);
subplot(122);imshow(L);
```

（a）原始灰度图像　　　　　　（b）巴特沃斯高通滤波器处理后的图像锐化效果

图 5.28　利用巴特沃斯高通滤波器对图像进行锐化处理

3. 高斯高通滤波器

高斯高通滤波器的传递函数可由下式表示：

$$H(u,v) = 1 - \mathrm{e}^{-D^2(u,v)/2D_0^2} \tag{5.37}$$

采用高斯高通滤波器锐化图像能得到更加平滑的效果，即使对微小物体和细线条进行高斯高通滤波，锐化结果仍比较清晰。高斯高通滤波器传递函数的剖面图、透视图和俯视图如图 5.29 所示。

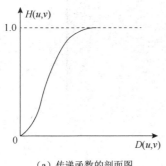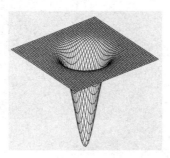

（a）传递函数的剖面图　　　　（b）传递函数的透视图　　　　（c）传递函数的俯视图

图 5.29　高斯高通滤波器传递函数的剖面图、透视图和俯视图

【例 5.14】利用高斯高通滤波器对图像进行锐化处理。

【实例分析】图 5.30（a）是原始灰度图像，图 5.30（b）是高斯高通滤波器处理后的图像锐化效果。相比理想高通滤波器和巴特沃斯高通滤波器的锐化效果，高斯高通滤波器得到的图像更加平滑。

源代码：

```
clear all;
clc;
I=imread('house.jpg');
I=im2double(I);
M=2*size(I,1);
N=2*size(I,2);
u=-M/2:(M/2-1);
v=-N/2:(N/2-1);
[U,V]=meshgrid(u,v);
D=sqrt(U.^2+V.^2);
D0=70;
H=1-exp(-1*((D.^2)/(2*(D0.^2))));
J=fftshift(fft2(I,size(H,1),size(H,2)));
K=J.*H;
L=ifft2(ifftshift(K));
L=L(1:size(I,1),1:size(I,2));
figure;
subplot(121),imshow(I);
subplot(122);imshow(L);
```

（a）原始灰度图像　　　　　　　　（b）高斯高通滤波器处理后的图像锐化效果

图 5.30　利用高斯高通滤波器对图像进行锐化处理

5.4.3　同态滤波

在图像成像过程中，经常遇到非线性干扰问题，采用频域滤波方法，无法消减乘性或卷积性噪声。同态变换能将非线性组合信号通过某种变换，将其变成线性组合信号，从而可以更方便地运用线性操作对信号进行处理。同态滤波就是利用同态变换方法将频域滤波和空域灰度变换结合起来实现图像增强的。频域滤波处理是以图像的照度/反射率模型为基础的，而空域灰度变换处理是通过压缩亮度范围和增强对比度来改善图像质量的。

在实际应用中，同态滤波可用于增强灰度值的动态范围较大的图像。在这类图像中，黑的部分很黑，白的部分很白，而感兴趣的中间灰度级范围很小，分不清物体的灰度层次和细节。在这种情况下，一般的灰度线性变换无法解决，因为扩展灰度级虽然可以增大图像的反差，但会使得动态范围变得更大；而压缩灰度级虽然可以减小动态范围，但物体的灰度层次和细节会更不清晰。同态滤波正好可以解决这种光照分布不均情况下的图像增强问题。

一幅图像 $f(x, y)$ 可以由照度分量 $i(x, y)$ 与反射分量 $r(x, y)$ 的乘积表示：

$$f(x, y) = i(x, y)r(x, y) \tag{5.38}$$

式中，$0 < i(x, y) < \infty$；$0 < r(x, y) < 1$。照度分量的特点是变化缓慢，集中在图像的低频部分；反射分量的特点是高频成分丰富。

傅里叶变换可将图像由空域变换到频域，但因为傅里叶变换是线性变换，所以无法分离乘性分量，即乘积的傅里叶变换并不等效于变换的乘积，因此，首先需要在空域对照度分量和反射分量采用对数运算进行分离，即

$$\ln f(x, y) = \ln i(x, y) + \ln r(x, y) \tag{5.39}$$

这样，傅里叶变换后即可得到对应的频域表示：

$$\text{DFT}(\ln f(x, y) = \text{DFT}(\ln i(x, y)) + \text{DFT}(\ln r(x, y)) \tag{5.40}$$

即

$$F(u, v) = I(u, v) + R(u, v) \tag{5.41}$$

使用同态滤波器可以控制照度分量频谱 $I(u, v)$ 和反射分量频谱 $R(u, v)$。这种控制需要设计一个滤波器函数 $H(u, v)$，选用适中的可控方法影响傅里叶变换的低频分量和高频分量。同态滤波器的输出为

$$S(u, v) = H(u, v)I(u, v) + H(u, v)R(u, v) \tag{5.42}$$

图 5.31 给出了一个典型同态滤波器的幅频图。该滤波器能实现低频分量的压缩，减小图像像素灰度值的动态范围，并且能加强高频分量，增强图像对比度。

在图 5.31 中，γ_{H} 表示高频增益，γ_{L} 表示低频增益。一般选取 $\gamma_{\text{L}} < 1$ 且 $\gamma_{\text{H}} > 1$。这种滤波器可采用微变形式的高斯高通滤波器，函数表达式为

$$H(x, y) = (\gamma_{\text{H}} - \gamma_{\text{L}}) \left[1 - \text{e}^{-cD^2(u,v)/D_0^2} \right] + \gamma_{\text{L}} \tag{5.43}$$

式中，常数 c 用于控制滤波器函数斜面的锐化，通常为 γ_{H} 和 γ_{L} 之间的一个常数。根据不同的图像特性和需要，可选用不同的 $H(x, y)$，如巴特沃斯滤波器、高斯滤波器等，以达到预期的滤波效果。

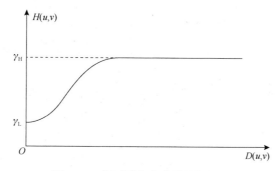

图 5.31　典型同态滤波器的幅频图

同态滤波器的输出可以通过傅里叶反变换从频域变换回空域，即

$$
\begin{aligned}
s(x,y) &= \text{DFT}^{-1}[S(u,v)] \\
&= \text{DFT}^{-1}[H(u,y)I(u,v)] + \text{DFT}^{-1}[H(u,v)R(u,v)] \\
&= i_1(x,y) + r_1(x,y)
\end{aligned}
\tag{5.44}
$$

对照度分量和反射分量在空域采用指数运算进行还原，将还原后的函数相乘即可得到增强后图像 $g(x,y)$：

$$
i_0(x,y) = \exp[i_1(x,y)]
\tag{5.45}
$$

$$
r_0(x,y) = \exp[r_1(x,y)]
\tag{5.46}
$$

$$
g(x,y) = i_0(x,y)r_0(x,y)
\tag{5.47}
$$

综上所述，同态滤波器的工作流程如图 5.32 所示。

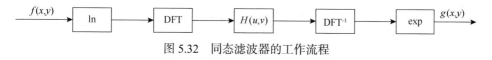

图 5.32　同态滤波器的工作流程

【例 5.15】利用同态滤波方法进行图像增强处理。

【实例分析】图 5.33（a）是原始灰度图像，图 5.33（b）是同态滤波增强后的图像。可见，对于光照分布不均的图像，此方法能有效压缩图像像素灰度值的动态范围，增强图像对比度。

源代码：

```
rH =1.1; rL = 0.2; c = 0.3; D0 = 2000;
image = imread('building.jpg');
[M, N] = size(image);
img_log = log(double(image) + 1);
img_py = zeros(M, N);
for i = 1:M
    for j= 1:N
        if mod(i+j, 2) == 0
            img_py(i,j) = img_log(i, j);
        else
```

```
                    img_py(i,j) = -1 * img_log(i, j);
            end
        end
end
img_py_fft = fft2(img_py);
img_tt = zeros(M, N);
deta_r = rH−rL;
D = D0^2;
m_mid=floor(M/2);
n_mid=floor(N/2);
for i = 1:M
    for j =1:N
            dis = ((i−m_mid)^2+(j−n_mid)^2);
            img_tt(i, j) = deta_r * (1−exp((−c)*(dis/D))) + rL;
    end
end
img_temp = img_py_fft.*img_tt;
img_temp = abs(real(ifft2(img_temp)));
img_temp = exp(img_temp)−1;
max_num = max(img_temp(:));
min_num = min(img_temp(:));
range = max_num−min_num;
img_after = zeros(M,N,'uint8');
for i = 1:M
    for j = 1:N
            img_after(i,j) = uint8(255 * (img_temp(i, j)−min_num) / range);
    end
end
subplot(1,2,1), imshow(image)
subplot(1,2,2), imshow(img_after)
```

（a）原始灰度图像　　　　　　　　　　（b）同态滤波增强后的图像

图 5.33　利用同态滤波方法进行图像增强处理

5.5　彩色图像增强

人眼只能辨别几十种灰度，但可辨别几千种彩色色调和亮度。可以说，人眼对彩色的分辨力可以达到对灰度的分辨力的百倍以上。将灰度图像转换为彩色图像，或者改变已有彩色的分布，可以改善图像的视觉效果，从可视角度实现图像增强。一般来说，彩色图像增强方法可分为伪彩色增强和真彩色增强。

5.5.1　伪彩色增强

伪彩色增强基于某种规则对灰度图像中的不同灰度级区域赋予不同的颜色，将灰度图像变成彩色图像，从而改善图像的可视性。这个赋色的过程实际上是一个重新着色的过程。因为灰度图像没有颜色，所以人工赋予的颜色常称为伪彩色。

伪彩色增强实质上是对图像中的不同灰度级进行分层着色，层次越多，彩色种类越多，人眼能识别的信息也就越多，从而达到图像增强的效果。伪彩色处理可以借助计算机完成，也可以利用专用硬件设备（如伪彩色仪）实现。伪彩色变换可以是线性的，也可以是非线性的，即可以在空域内实现，也可以在频域内实现。下面介绍两种典型的伪彩色增强方法：灰度分层法和灰度变换法。

1. 灰度分层法

灰度分层法将灰度图像的灰度级从黑到白分成 n 个区间，给每个区间指定一种彩色，这样便可以把一幅灰度图像变成一幅伪彩色图像。

利用 $[0, N-1]$ 区间的整数表示灰度级，$f(x, y) = 0$ 代表黑色，$f(x, y) = N-1$ 代表白色，将其分为 n 个区间 $V_1, V_2, \cdots, V_n$，为每个区间赋予一种颜色，即

$$f(x, y) = c_k \qquad f(x, y) \in V_k \tag{5.48}$$

式中，c_k 表示给第 k 个灰度区间 V_k 指定的颜色。灰度分层法的实质是利用分段线性函数实现从灰度到彩色的变换，其优点是简单、直观，缺点是变换后彩色数目有限。

【例 5.16】利用灰度分层法进行图像增强处理。

【实例分析】图 5.34（a）是原始灰度图像，图 5.34（b）是灰度分层法增强后的图像。这里灰度被划分为 6 个区间，[0 0 0]表示黑色，[1 0 0]表示红色，[0 1 0]表示绿色，[0 0 1]表示蓝色，[1 1 0]表示黄色，[1 1 1]表示白色。由结果可见，变换后的图像颜色数目有限。

源代码：

```
I=imread('window.jpg');
imshow(I);
thresholds= [16 25 70 108 170 255];
```

```
g2c=grayslice(I,thresholds);
figure;
mymap = [0 0 0
         1 0 0
         0 1 0
         0 0 1
         1 1 0
         1 1 1];
surf(peaks)
imshow(g2c,colormap(mymap));
```

（a）原始灰度图像　　　　　　　　　　（b）灰度分层法增强后的图像

图 5.34　利用灰度分层法进行图像增强处理

2. 灰度变换法

灰度变换法是一种较为常用的、有效的伪彩色增强方法。将原始图像 $f(x, y)$ 的灰度经过红、绿、蓝 3 个独立变换，变成三基色分量 $f_R(x, y)$、$f_G(x, y)$、$f_B(x, y)$，然后利用这 3 个分量分别控制彩色显示器的红、绿、蓝电子枪，便可以在彩色显示器屏幕上合成一幅颜色内容由变换函数调制的彩色图像，处理过程如图 5.35 所示。

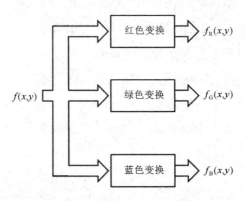

图 5.35　灰度变换法的处理过程

该方法调制的是图像的灰度值而不是像素的位置。合成图像的彩色内容由变换函数的形式决定。在实际应用中，常采用光滑的、非线性的变换函数。例如，取绝对值的正弦函数，其特点是在波峰附近相对恒定而在波谷附近变化迅速。通过改变每个正弦波的相位和频率，就可以改变相应灰度值对应的彩色，这样，不同灰度值动态范围的像素就能得到不同的伪彩色增强效果。若红、绿、蓝 3 个变换具有相同的相位和频率，则输出图像将是单色图像。

【例 5.17】利用灰度变换法进行图像增强处理。

【实例分析】图 5.36（a）是原始灰度图像，图 5.36（b）是灰度变换法增强后的图像。该方法利用 3 个矩阵分别保存 R、G、B 3 个通道的灰度值，每个通道的灰度值对应不同的映射函数。灰度值低的映射为冷色（深蓝色）、灰度值高的映射为暖色（红色）。由结果可见，图像的可视化效果得到明显提升。

源代码：

```
img=imread('window.jpg');
z=3;
[x y]=size(img);
imshow(img);
img=double(img);
img_c=zeros(x,y,z);
Max=max(max(img));
Min=min(min(img));
img=(255/(Max-Min))*img-(255*Min)/(Max-Min);
r=1;
g=2;
b=3;
for i=1:x
    for j=1:y
        temp=(2*pi/(Max-Min))*img(i,j)-(2*pi*Min)/(Max-Min);
        if temp<=pi/2
            img_c(i,j,r)=0;
            img_c(i,j,g)=0;
            img_c(i,j,b)=255*(sin(temp));
        end
        if temp>pi/2 && temp<=pi
            img_c(i,g,r)=0;
            img_c(i,j,g)=255*(-cos(temp));
            img_c(i,j,b)=255*(sin(temp));
        end
        if temp>pi && temp<=pi*3/2
            img_c(i,j,r)=255*(-sin(temp));
```

```
                        img_c(i,j,g)=255*(−cos(temp));
                        img_c(i,j,b)=0;
                    end
                    if temp>pi*3/2
                        img_c(i,j,r)=255*(−sin(temp));
                        img_c(i,j,g)=0;
                        img_c(i,j,b)=0;
                    end
                end
            end
        end
        figure,imshow(uint8(img_c));
```

（a）原始灰度图像　　　　　　　　　　（b）灰度变换法增强后的图像

图 5.36　利用灰度变换法进行图像增强处理

5.5.2　真彩色增强

将图像中的每个像素值都分成 R、G、B 3 个基色分量，每个基色分量直接决定其基色的强度，这样产生的色彩称为真彩色。计算机用二进制数表示颜色信息，24 位色被称为真彩色（R、G、B 各占 8 位），可以达到人眼分辨的极限。

真彩色增强可以采用多种方式实现。例如，可以直接对 3 个分量用灰度图像增强方法进行增强处理，再合成为彩色图像。但此方法容易使得彩色图像的颜色发生较大变化，导致图像失真。为了克服这一缺陷，较为常用的方法是引入 HSI（色调、饱和度和亮度）彩色模型。色调是描述纯色的颜色属性；饱和度是描述纯色被白光冲淡程度的度量；亮度是主观描述符，体现了无色的强度概念。利用 HSI 彩色模型可以从彩色图像的彩色信息（色调和饱和度）中消除亮度分量的影响，是开发基于彩色描述的图像处理方法的常用工具。利用该方法实现真彩色增强的基本步骤如下。

（1）将原始彩色图像的 *R*、*G*、*B* 分量图转化为 *H*、*S*、*I* 分量图。

（2）利用灰度图像增强方法增强各分量图。

（3）将增强结果转换为 *R*、*G*、*B* 分量图来显示。

RGB 模型向 HSI 模型的转换可以描述为基于笛卡儿直角坐标系的单位立方体向基于圆柱或三棱锥极坐标的双锥体的转换，如图 5.37 所示。转换后，RGB 模型中的亮度分量被分离，色调分量由角向量表示。

下面具体介绍 RGB 模型与 HSI 模型的相互转换方法。

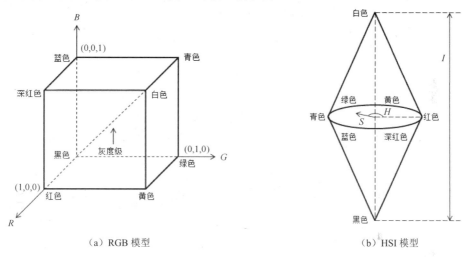

(a) RGB 模型　　　　　　　　　　　　　　(b) HSI 模型

图 5.37　RGB 模型和 HIS 模型

1. RGB 转换为 HSI

一幅 RGB 彩色图像中各像素的色调分量可由下式得出：

$$H = \begin{cases} \theta & B \leqslant G \\ 360 - \theta & B > G \end{cases} \tag{5.49}$$

式中，

$$\theta = \arccos\left\{ \frac{\frac{1}{2}\left[(R-G)+(R-B)\right]}{\left[(R-G)^2 + (R-B)(G-B)\right]^{1/2}} \right\} \tag{5.50}$$

饱和度分量可由下式得出：

$$S = 1 - \frac{3}{(R+G+B)}\left[\min(R,G,B)\right] \tag{5.51}$$

亮度分量可由下式得出：

$$I = \frac{1}{3}(R+G+B) \tag{5.52}$$

如果将 R、G、B 的值归一化到[0,1]区间，则可求出三基色强度所占比例。归一化公式为

$$r = \frac{R}{R+G+B} \tag{5.53}$$

$$g = \frac{G}{R+G+B} \tag{5.54}$$

$$b = \frac{B}{R+G+B} \tag{5.55}$$

这里满足 $r+g+b=1$。R、G、B 的值归一化到[0,1]区间后，H、S、I 分量也会随之归一化到[0,1]区间。如果 R、G、B 值没有做归一化处理，则可以通过分别将 H、S 和 I 除以 $360°$ 来实现归一化。

2. HSI 转换为 RGB

基于归一化的 H、S、I 值，可以在相同的值域中得到对应的归一化 R、G、B 值。而为了得到 R、G、B 原始值，可以先将原色按 $120°$ 分割成 3 个扇区，从 H 乘以 $360°$ 开始，将色调值返回原来的[$0°$, $360°$]。

当 $0° \leqslant H < 120°$ 时，R、G、B 分量可由下式得出：

$$R = I\left[1 + \frac{S\cos H}{\cos(60°-H)}\right] \tag{5.56}$$

$$G = 3I - (R+B) \tag{5.57}$$

$$B = I(1-S) \tag{5.58}$$

当 $120° \leqslant H < 240°$ 时，首先从 H 中减去 $120°$，即

$$H = H - 120° \tag{5.59}$$

此时 R、G、B 分量为

$$R = I(1-S) \tag{5.60}$$

$$G = I\left[1 + \frac{S\cos H}{\cos(60°-H)}\right] \tag{5.61}$$

$$B = 3I - (R+G) \tag{5.62}$$

当 $240° \leqslant H < 360°$ 时，首先从 H 中减去 $240°$，即

$$H = H - 240° \tag{5.63}$$

此时 R、G、B 分量为

$$R = 3I - (G+B) \tag{5.64}$$

$$G = I(1-S) \tag{5.65}$$

$$B = I\left[1 + \frac{S\cos H}{\cos(60° - H)}\right] \tag{5.66}$$

上述真彩色增强的转换过程可以用如图 5.38 所示的原理框图表示。

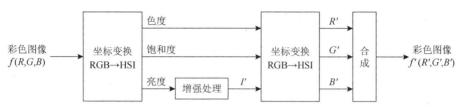

图 5.38　HIS 转换为 RGB 的原理框图

【例 5.18】对彩色图像进行亮度增强处理。

【实例分析】图 5.39（a）是原始彩色图像，图 5.39（b）是其对应的直方图，该图像包含大量的暗彩色。图 5.39（c）是亮度分量增强后的处理效果，图 5.39（d）是其对应的直方图。可见，整副图像的亮度有效增强，可以明显看清指示牌的轮廓。

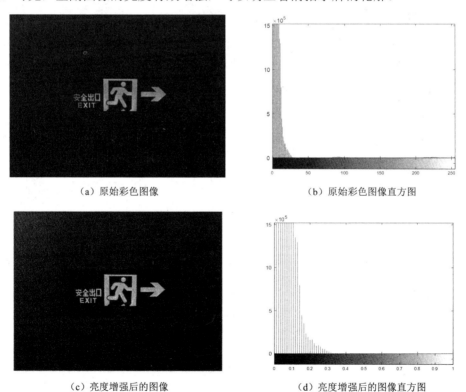

（a）原始彩色图像　　　　　　　　　（b）原始彩色图像直方图

（c）亮度增强后的图像　　　　　　　　（d）亮度增强后的图像直方图

图 5.39　对彩色图像进行亮度增强处理

源代码：

```
I=imread('sign.jpg');
```

```
c=rgb2hsi(I);
h=c(:,:,1);
s=c(:,:,2);
i=c(:,:,3);
m=3.0*i;
d=cat(3,h,s,m);
e=hsi2rgb(d);
figure(1),
imshow(I);
figure(2),
imhist(I);
figure(3),
imshow(e);
figure(4),
imhist(e);
```

虽然亮度增强处理没有改变图像的色调和饱和度，但它仍能影响图像的整体颜色观感。而在实际应用中，还常用到 HSI 空间图像饱和度分量的校正处理。

【例 5.19】对彩色图像进行饱和度校正处理。

【实例分析】图 5.40（a）是原始彩色图像，图 5.40（b）是其对应的直方图。图 5.40（c）是 HSI 增强后的图像，图 5.40（d）是其对应的直方图。结果显示，在处理后的图像中，可以清晰地看到山上的白色积雪等细节特征。

源代码：

```
I=imread('hill.jpg');
c=rgb2hsi(I);
h=c(:,:,1);
s=c(:,:,2);
i=c(:,:,3);
m=histeq(i);
s=s*1.5;
d=cat(3,h,s,m);
e=hsi2rgb(d);
figure(1),
imshow(I);
figure(2),
imhist(I);
figure(3),
imshow(e);
figure(4),
imhist(e);
```

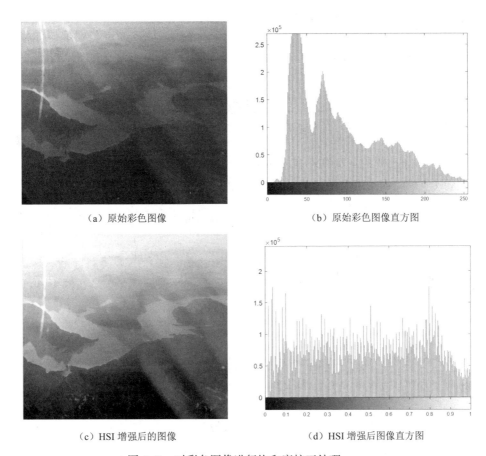

（a）原始彩色图像　　　　　　　　　　　　（b）原始彩色图像直方图

（c）HSI 增强后的图像　　　　　　　　　　　（d）HSI 增强后图像直方图

图 5.40　对彩色图像进行饱和度校正处理

5.6　课程思政

针对本章的学习内容，下面介绍关于课程思政的案例设计。

- 基于直方图修正的图像增强。

思政案例：在直方图均衡化的讲解中，引入"加强文物保护，弘扬中华文化"的思政要素。在实例演示与分析中，利用文物图像讲解如何通过直方图变换增大像素之间灰度值差别的动态范围，从而达到增强图像整体对比度的效果。

- 频域图像增强。

思政案例：在空域增强与频域增强比较的讲解中，强调能够从不同的角度实现相同的处理效果。通过哲学观点引入思政要素，即同一问题有不同的解决方法，辩证地对待人生矛盾，尊崇科学的世界观和方法论。

- 彩色图像增强。

思政案例：在彩色图像增强的讲解中，结合当前疫情状况，引入彩色图像增强在远程医疗、AI 算法诊断（如利用伪彩色处理技术对高体温人体进行自动识别和标注）等技术中的重要现实意义，向奋战在一线的最美逆行者致敬。

本章小结

本章的重点是对典型灰度图像增强方法和彩色图像增强方法的理解与应用；难点是在进行图像处理时，如何依据图像特征选用合适的增强方法，以改善图像的视觉效果。本章主要涵盖以下几方面内容。

1．灰度图像增强

从空域处理和频域处理两方面出发，空域增强法分别介绍了基于直方图修正、灰度变换和锐化处理的图像增强方法。频域增强法分别介绍了低通滤波、高通滤波和同态滤波的图像增强方法。

2．彩色图像增强

从处理对象和处理方法的区别出发，分别介绍了伪彩色增强的灰度分层法、灰度变换法，以及基于 RGB 模型与 HSI 模型相互转换的真彩色增强方法。

练习五

一、填空题

1．空域平滑等效于频域_____滤波，空域锐化等效于频域_____滤波。

2．灰度直方图的横坐标表示_____，纵坐标表示_____。

3．一幅过曝光的图像，其灰度级集中在_____范围内；而曝光不足的图像的灰度级集中在_____范围内。

4．低通滤波法使_____受到抑制而让_____顺利通过，从而实现图像平滑。

5．真彩色图像的颜色深度为_____位。

二、选择题

1．图像与灰度直方图间的对应关系是（　　　）。

A．一一对应　　　　B．多对一　　　　C．一对多　　　　D．无法确定

2．下列说法正确的是（　　　）。

A．基于像素的图像增强方法是一种线性灰度变换。

B．基于像素的图像增强方法是空域图像增强方法的一种。

C．基于频域的图像增强方法需要用到傅里叶变换和傅里叶反变换，因此，它比基于空域的图像增强方法的计算复杂度高。

3．数字计算机显示使用的颜色模型是（　　　）。

A．RGB 模型　　　　B．HSI 模型　　　　C．HSV 模型　　　　D．CMY 模型

4．下列算法中属于点处理的是（　　　）。

A．直方图均衡化　　B．梯度锐化　　　　C．傅里叶变换

5．在傅里叶变换得到的频谱中，低频系数对应于（　　　）。

A．物体边缘　　　　B．噪声　　　　　　C．变化平缓部分　　D．变化剧烈部分

三、程序题

1．假定有一幅总像素为 n=64×64（单位为像素）的图像，灰度级数为 8，各灰度级分布为{760,1056,830,716,260,271,122,81}。试对该图像进行直方图均衡化，并画出均衡化前后的归一化直方图。

2．当 R=0，G=0，B=1 时，在 HSI 空间求 H 和 S 的值。

3．在 Windows 的画图软件中写出你的姓名，字体大小为 80，名字方形区域外不要留空白，将文件保存为 jpg 格式，并利用 Laplacian 算子实现图像的锐化处理。

4．选取一幅 RGB 图像，绘制其 G 分量直方图，并对 G 分量进行均衡化处理。

5．利用快速傅里叶变换对图像 A.png 进行高通滤波，截止频率为 35Hz。

四、简答题

1．图像增强的目的是什么？它包含哪些研究内容？

2．什么是直方图规定化？

3．分别给出将灰度范围(10,100)拉伸到(0,150)和压缩到(50,100)的线性变换。

4．分析比较巴特沃斯低通滤波器和高斯低通滤波器相对于理想低通滤波器在模糊图像方面的区别。

5．请解释为什么直方图均衡化不能做到使直方图分布完全平均。

第6章　图像复原

本章导读

　　图像复原又称为图像恢复，利用退化过程的先验知识恢复已被退化图像的本来面目。与图像增强一样，图像复原也是为了改善视觉效果。但二者不同的是，图像增强的效果更偏向主观判断，而图像复原则根据图像产生退化或畸变的数学模型进行逆向处理。本章从图像退化模型入手，介绍图像复原的基本原理，进而介绍空域滤波和频域滤波等图像复原技术。

本章要点

- 图像退化模型：连续退化模型、离散退化模型。
- 噪声模型：噪声概率密度函数、噪声参数的估计。
- 空域滤波复原：顺序统计滤波器、自适应空域滤波器。
- 频域滤波复原：带阻/带通滤波器、陷波带阻/带通滤波器。
- 典型图像复原方法：逆滤波复原、维纳滤波复原。

　　图像复原技术主要是针对成像过程中的"退化"提出来的，而成像过程中的退化现象主要指成像系统受到各种因素的影响，如成像系统的散焦、设备与物体间存在相对运动或器材的固有缺陷等，导致图像质量不能够达到理想要求。

6.1　图像退化模型

　　图像复原的基本思路是：先建立退化的数学模型，然后根据该模型对退化图像进行拟合。因此，图像复原的关键是退化模型的建立，而图像退化模型又可以分为连续退化模型和离散退化模型两大类。

6.1.1　连续退化模型

　　图像在形成、记录、处理和传输过程中，由于成像系统、记录设备、传输介质和处理方法的不完善，导致图像质量下降，这种现象叫作图像退化。这个过程的数学表达可以简单理解为一个原始图像 $f(x,y)$ 经过退化算子或退化系统 H 作用，再和噪声 $n(x,y)$ 进行叠加，形成退化后的图像 $g(x,y)$ ，如图 6.1 所示。

从图 6.1 中可看出，原始图像和退化图像的关系可用式（6.1）表示。将问题进一步简化：第一，暂不考虑噪声的影响，即当 $n(x,y)=0$ 时，仅受退化系统 H 的影响；第二，假设退化模型是线性的，即满足式（6.2）；第三，假设退化模型具有空间不变性，即满足式（6.3），其中，α 和 β 分别是空间位移量，这个性质说明退化系统对图像上任一点的响应只取决于该点的输入值，与该点的位置无关。

$$g(x,y) = H(f(x,y)) + n(x,y) \tag{6.1}$$

$$\begin{aligned} w_1 g_1(x,y) + w_2 g_2(x,y) &= w_1 H(f_1(x,y)) + w_2 H(f_2(x,y)) \\ &= H(w_1 f_1(x,y) + w_2 f_2(x,y)) \end{aligned} \tag{6.2}$$

$$g(x-\alpha, y-\beta) = H(f(x-\alpha, y-\beta)) \tag{6.3}$$

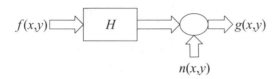

图 6.1　图像退化模型

为使退化系统满足上述假设条件，要求 H 是线性且空间不变的。因此，对于一般性问题中的退化模型（非线性、空间变化模型），需要用线性、空间不变模型来进行模拟。

设有二维单位脉冲信号 $\delta(x,y)$ 满足式（6.4）和式（6.5），则 $\delta(x,y)$ 具有取样特性，满足式（6.6），即任意二维信号 $f(x,y)$ 与 $\delta(x,y)$ 的卷积都是 $f(x,y)$ 本身：

$$x \neq 0, y \neq 0 \rightarrow \delta(x,y) = 0 \tag{6.4}$$

$$\int_{-\infty}^{\infty} \int_{-\infty}^{\infty} \delta(x,y) \mathrm{d}x \mathrm{d}y = 1 \tag{6.5}$$

$$f(x,y) * \delta(x,y) = \int_{-\infty}^{\infty} \int_{-\infty}^{\infty} f(\alpha, \beta) \times \delta(x-\alpha, y-\beta) \mathrm{d}\alpha \mathrm{d}\beta = f(x,y) \tag{6.6}$$

根据前面对退化系统 H 的假设，其具有线性且空间不变的特性，因此，可以使用 H 对单位脉冲信号 $\delta(x,y)$ 的响应 $h(x,y)$ ［见式（6.7）］来描述系统 H 的性能。此时，将任意二维信号 $f(x,y)$ 输入线性空间不变系统 H 所得到的响应可由式（6.8）表示，引入噪声 $n(x,y)$ 后，退化模型可由式（6.9）表示：

$$h(x,y) = H(\delta(x,y)) \tag{6.7}$$

$$H(f(x,y)) = \int_{-\infty}^{\infty} \int_{-\infty}^{\infty} f(\alpha, \beta) \times h(x-\alpha, y-\beta) \mathrm{d}\alpha \mathrm{d}\beta = f(x,y) * h(x,y) \tag{6.8}$$

$$g(x,y) = f(x,y) * h(x,y) + n(x,y) \tag{6.9}$$

一般将 $h(x,y)$ 称为点扩散函数，而将 $h(x,y)$ 进行傅里叶变换所得到的函数 $H(u,v)$ 称为光学传递函数，二者分别作用于空域和时域。对光学系统来讲，点扩散函数描述输入为点光源时输出图像的光场分布。

6.1.2 离散退化模型

对式（6.8）中的 $f(\alpha,\beta)$ 和 $h(x-\alpha, y-\beta)$ 进行均匀采样即可得到离散退化模型。在一维模型中，对函数 $f(x)$ 和 $h(x)$ 进行均匀采样，将形成两个离散变量，即 $f(x)$，$x=0,1,2,\cdots,A-1$ 和 $h(x)$，$x=0,1,2,\cdots,B-1$，可以利用离散卷积来计算 $h(x)$，为避免折叠现象，将 $f(x)$ 和 $h(x)$ 进行延拓，变为周期为 M（$M \geq A+B-1$）的周期函数，当 $0 \leq x \leq M-1$ 时（在第一个周期内），函数的取值如下：

$$\begin{cases} f_{\mathrm{E}}(x) = \begin{cases} f(x), & 0 \leq x \leq A-1 \\ 0, & A \leq x \leq M-1 \end{cases} \\ h_{\mathrm{E}}(x) = \begin{cases} h(x), & 0 \leq x \leq B-1 \\ 0, & B \leq x \leq M-1 \end{cases} \end{cases} \tag{6.10}$$

建立离散退化模型：

$$g_E(x) = \sum_{i=0}^{M-1} f_{\mathrm{E}}(i) h_{\mathrm{E}}(x-i) \tag{6.11}$$

式中，$x=0,1,2,\cdots,M-1$。

若用矩阵的形式表示，则离散退化模型又可表示为

$$g = Hf \tag{6.12}$$

式中，向量 g、f 和矩阵 H 分别为

$$g = \begin{bmatrix} g_{\mathrm{E}}(0) \\ g_{\mathrm{E}}(1) \\ \vdots \\ g_{\mathrm{E}}(M-1) \end{bmatrix}, \quad f = \begin{bmatrix} f_{\mathrm{E}}(0) \\ f_{\mathrm{E}}(1) \\ \vdots \\ f_{\mathrm{E}}(M-1) \end{bmatrix}, \quad H = \begin{bmatrix} h_{\mathrm{E}}(0) & h_{\mathrm{E}}(-1) & \cdots & h_{\mathrm{E}}(-M+1) \\ h_{\mathrm{E}}(1) & h_{\mathrm{E}}(0) & \cdots & h_{\mathrm{E}}(-M+2) \\ \vdots & \vdots & \ddots & \vdots \\ h_{\mathrm{E}}(M-1) & h_{\mathrm{E}}(M-2) & \cdots & h_{\mathrm{E}}(0) \end{bmatrix}$$

因为 $h(x)$ 是以 M 为周期的周期函数，即有 $h_{\mathrm{E}}(x+M) = h_{\mathrm{E}}(x)$，所以 H 又可以表示为

$$H = \begin{bmatrix} h_{\mathrm{E}}(0) & h_{\mathrm{E}}(M-1) & \cdots & h_{\mathrm{E}}(1) \\ h_{\mathrm{E}}(1) & h_{\mathrm{E}}(0) & \cdots & h_{\mathrm{E}}(2) \\ \vdots & \vdots & \ddots & \vdots \\ h_{\mathrm{E}}(M-1) & h_{\mathrm{E}}(M-2) & \cdots & h_{\mathrm{E}}(0) \end{bmatrix} \tag{6.13}$$

显然，将矩阵 H 的任意一行循环右移一位后，与其下面一行相同，即矩阵 H 为循环矩阵。

将一维模型推广到二维模型，与式（6.10）类似，得到 $f(x,y)$ 和 $h(x,y)$ 的周期函数形式：

$$\begin{cases} f_{\mathrm{E}}(x,y) = \begin{cases} f(x,y), & 0 \leqslant x \leqslant A-1, 0 \leqslant y \leqslant B-1 \\ 0, & A \leqslant x \leqslant M-1, B \leqslant y \leqslant N-1 \end{cases} \\ h_{\mathrm{E}}(x,y) = \begin{cases} h(x,y), & 0 \leqslant x \leqslant C-1, 0 \leqslant y \leqslant D-1 \\ 0, & C \leqslant x \leqslant M-1, D \leqslant y \leqslant N-1 \end{cases} \end{cases} \tag{6.14}$$

建立二维离散退化模型：

$$g_{\mathrm{E}}(x) = \sum_{i=0}^{M-1}\sum_{j=0}^{N-1} f_{\mathrm{E}}(i,j) h_{\mathrm{E}}(x-i, y-j) \tag{6.15}$$

式中，$x = 0,1,2,\cdots,M-1$；$y = 0,1,2,\cdots,N-1$。

当考虑噪声影响时，退化模型为

$$g_{\mathrm{E}}(x,y) = \sum_{i=0}^{M-1}\sum_{j=0}^{N-1} f_{\mathrm{E}}(i,j) h_{\mathrm{E}}(x-i, y-j) + n_{\mathrm{E}}(x,y) \tag{6.16}$$

式中，x 和 y 的取值范围与式（6.15）相同，为噪声函数离散化形式。

上述退化模型在线性、空间不变的前提下成立，此模型被许多经典图像复原方法采用，且得到了较好的效果。利用此模型的目的是实现在已知退化后图像 $g(x,y)$、退化系统的点扩散函数 $h(x,y)$ 和噪声分布函数 $n(x,y)$ 的情况下，对退化前的原始图像 $f(x,y)$ 进行估计。

6.2 噪声模型

对于数字图像，噪声主要来源于图像的获取和传输过程。成像设备的性能受各种因素影响，如图像获取过程中的环境因素，以及感光元件自身的质量因素。图像传输过程中的噪声主要源于传输信道受到外界因素的干扰，干扰源可能是外界光源、大气等。例如，通过无线网络传输的图像可能会因为光或其他天气因素的干扰而被污染。

因此，噪声可能依赖于图像内容，也可能与其无关。噪声的空间特性是指定义噪声空间属性的参数，以及噪声本身是否与图像相关。在本章中，假设噪声独立于空间坐标，且它与图像本身无关联，即噪声分量值和像素值不相关。

噪声的频率特性是指噪声傅里叶谱的数学特征。例如，当噪声的傅里叶谱是常量（频谱的强度不随频率的改变而变化）时，噪声通常称为白噪声。这个术语是从白光的物理特性派生出来的，因为白光以相等的比例包含可见光谱中的所有频率，而以等比例包含所有频率的函数的傅里叶谱是一个常量。

6.2.1 噪声概率密度函数

从前面的章节可以看出，在如图 6.1 所示的整个图像退化模型中，我们更关心的空间噪声描述方式是噪声分量灰度值的统计特性，它们可以被认为是由概率密度函数

（Probability Density Function，PDF）表示的随机变量。

在图像处理应用中，常见的随机噪声的概率密度函数有高斯噪声、伽马噪声、瑞利噪声、指数分布噪声、均匀分布噪声、脉冲噪声等。

（1）高斯噪声。

白噪声具有常量的功率谱，即其强度不随着频率的升高而衰减。白噪声的一个特例是高斯噪声。高斯噪声是一种源于电子电路噪声和由低照明度或高温带来的传感器噪声。它在空域和频域中都具有数学上的易处理性，因此，高斯噪声经常被用于实践。高斯噪声也称为正态噪声，其概率密度函数为

$$p(z) = \frac{1}{\sqrt{2\pi}\sigma} e^{\frac{-(z-\mu)^2}{2\sigma^2}} \tag{6.17}$$

式中，高斯随机变量 z 表示灰度值；μ 表示 z 的平均值或期望值；σ 表示 z 的标准差，而标准差的平方 σ^2 称为 z 的方差。当 z 服从式（6.17）的分布时，其值的 70%落在$[\mu-\sigma,\mu+\sigma]$区间，且有 95%落在$[\mu-2\sigma,\mu+2\sigma]$区间。

在很多实际情况下，其他随机噪声可以很好地用高斯噪声来逼近。

（2）伽马噪声。

伽马噪声的概率密度函数为

$$p(z) = \begin{cases} \dfrac{a^n z^{n-1}}{(n-1)!} e^{-az} & z \geqslant 0 \\ 0 & z < 0 \end{cases} \tag{6.18}$$

式中，$a>0$；n 为正整数。伽马噪声的其概率密度的均值为式（6.19），方差为式（6.20）：

$$\mu = \frac{n}{a} \tag{6.19}$$

$$\sigma^2 = \frac{n}{a^2} \tag{6.20}$$

（3）瑞利噪声。

瑞利噪声的概率密度函数为

$$p(z) = \begin{cases} \dfrac{2(z-a)}{b} e^{\frac{-(z-a)^2}{b}} & z \geqslant a \\ 0 & z < a \end{cases} \tag{6.21}$$

瑞利噪声的概率密度的均值为式（6.22），方差为式（6.23）：

$$\mu = a + \frac{\sqrt{\pi b}}{4} \tag{6.22}$$

$$\sigma^2 = \frac{b(4-\pi)}{4} \tag{6.23}$$

瑞利密度分布函数在图像范围内特征化噪声时比较常用。

（4）指数分布噪声。

指数分布噪声的概率密度函数为

$$p(z) = \begin{cases} a\mathrm{e}^{-az} & z \geqslant 0 \\ 0 & z < 0 \end{cases} \tag{6.24}$$

式中，$a>0$。指数分布噪声的概率密度的均值为式（6.25），方差为式（6.26）：

$$\mu = \frac{1}{a} \tag{6.25}$$

$$\sigma^2 = \frac{1}{a^2} \tag{6.26}$$

（5）均匀分布噪声。

均匀分布噪声的概率密度函数为

$$p(z) = \begin{cases} \dfrac{1}{b-a} & a \leqslant z < b \\ 0 & \text{其他} \end{cases} \tag{6.27}$$

均匀分布噪声的概率密度的均值为式（6.28），方差为式（6.29）：

$$\mu = \frac{a+b}{2} \tag{6.28}$$

$$\sigma^2 = \frac{(b-a)^2}{12} \tag{6.29}$$

均匀分布噪声在实践中并不常见，但均匀密度分布函数作为模拟随机数产生器的基础是非常有用的。

（6）脉冲（椒盐）噪声。

脉冲噪声的概率密度函数为

$$p(z) = \begin{cases} P_a & z = a \\ P_b & z = b \\ 0 & \text{其他} \end{cases} \tag{6.30}$$

式中，$b>a$，灰度值 b 和 a 在图像中分别显示为亮点与暗点。当 P_a 和 P_b 中有一个为零时，此脉冲噪声为单极脉冲；否则为双极脉冲。尤其当二者近似相等时，脉冲噪声看起来类似于随机在图像上分布的胡椒和盐粉微粒，此时称其为椒盐噪声。脉冲噪声有时也被称为散粒或尖峰噪声。

脉冲噪声可以是正值，也可是负值。相较于图像信号的强度，脉冲的幅值往往较大，在一幅图像中，脉冲噪声往往体现为纯白或纯黑，即数字化极值。也就是说，负脉冲以"椒"的形式出现在图像中，而正脉冲则为"盐"的形式，在数字化图像中，分别为允许的最小值和最大值。特别地，对于 8 位图像来说，$a=0$，$b=255$。脉冲噪声的成因可能是影像信号受到突如其来的强烈干扰而产生的，或者类比数位转换器或位元传输错误等。例如，失效的感应器导致像素值为最小值，饱和的感应器导致像素值为最大值。

6.2.2 噪声参数的估计

一幅图像的周期噪声产生的原因往往是图像获取过程中的电气或电动机械的干扰。特殊地，对于这种空间依赖型噪声，其周期噪声的模型是二维正弦波，具有形如式（6.31）所示的方程式：

$$r(x,y) = A \times \sin(2\pi u_0 \times \frac{x+B_x}{M} + 2\pi v_0 \times \frac{y+B_y}{N}) \qquad (6.31)$$

式中，u_0 和 v_0 分别是二维正弦波在 x 轴和 y 轴方向上的频率；M 和 N 分别是二维正弦波在 x 轴和 y 轴方向上的周期；B_x 和 B_y 分别是二维正弦波在 x 轴和 y 轴方向上相对于原点的相位差；A 是振幅。

典型的周期噪声参数是通过检测图像的傅里叶谱来进行估计的。由于周期噪声趋向于产生频率尖峰，因此，另一种方法是直接从图像中推断噪声的周期性，这种方法往往依赖于某些前提，如噪声尖峰格外明显时。

有时噪声的分布参数可以从光学传感器的说明中得到，但对于特殊的成像装置，常常有必要去估计这些参数。如果成像系统可用，就可以利用图像中的均匀恒定区域对系统噪声特性进行分析。

此时，最简单的方法就是首先计算灰度值的均值和方差，分别如式（6.32）和式（6.33）所示：

$$\mu = \sum_{z_i \in S} z_i \times p(z_i) \qquad (6.32)$$

$$\sigma^2 = \sum_{z_i \in S} (z_i - \mu)^2 \times p(z_i) \qquad (6.33)$$

式中，z_i 是图像中出现的任一灰阶；$p(z_i)$ 表示相应的归一化直方图。接下来参考 6.2.1 节中的噪声分布公式进行计算。

6.3 空域滤波复原

空域滤波复原是指在已知噪声模型的基础上对图像进行空域滤波，力求去除或降低噪声。

6.3.1　空域滤波器

假设在一幅图像中仅存在因噪声而出现的退化，则式（6.1）变为式（6.34），其中噪声项未知：

$$g(x, y) = f(x, y) + n(x, y) \qquad (6.34)$$

下面介绍几种均值滤波器。

（1）算术均值滤波器。

算术均值滤波器是最简单的均值滤波器，其计算过程是：首先确定退化图像 $g(x,y)$在区域 $S(x,y)$内的灰度算数均值，即计算复原图像 $f'(x, y)$，如式（6.35）所示；然后在任意点(x,y)处用复原图像 $f'(x, y)$ 的值替代原有值。

$$f'(x, y) = \frac{1}{N} \sum_{(u,v) \in S(x,y)} g(u, v) \qquad (6.35)$$

式中，N 为区域 $S(x,y)$中点的总数。

算术均值滤波器可以降低噪声，但是对椒盐噪声效果不好，因为均值滤波将区域内所有像素进行求和取均值，这些像素中就包含了椒盐过亮或过暗的噪声，对均值的影响较大，所以滤波效果不好。另外，算术均值滤波器对某个区域内像素取均值来代替当前位置像素，因此图像会更加平滑，即会模糊化。

（2）几何均值滤波器。

几何均值滤波器的基本原理与算术均值滤波器的基本原理相似，也是在区域 $S(x,y)$内计算复原图像 $f'(x, y)$，并替代原有值，仅是复原图像的计算公式不同。几何均值滤波器复原图像的计算方法如下：

$$f'(x, y) = [\prod_{(u,v) \in S(x,y)} g(u, v)]^{\frac{1}{N}} \qquad (6.36)$$

与算术均值滤波器相比，几何均值滤波器能够更好地去除高斯噪声；对原始图像造成的模糊程度也较算术均值滤波器轻，能够更多地保留图像的边缘信息。

（3）谐波均值滤波器。

谐波均值滤波器适合处理高斯噪声或与其类似的噪声，其计算复原图像 $f'(x, y)$ 的方法如下：

$$f'(x, y) = \frac{N}{\sum_{(u,v) \in S(x,y)} \dfrac{1}{g(u, v)}} \qquad (6.37)$$

在处理椒盐噪声时，谐波均值滤波器往往对"盐"噪声的处理效果较好，但不善于处理"椒"噪声。

（4）逆谐波均值滤波器。

逆谐波均值滤波器是对谐波均值滤波器的改进和拓展，其计算复原图像 $f'(x,y)$ 的方法如下：

$$f'(x,y) = \frac{\sum\limits_{(u,v)\in S(x,y)} g(u,v)^{r+1}}{\sum\limits_{(u,v)\in S(x,y)} g(u,v)^{r}} \tag{6.38}$$

逆谐波均值滤波器常被用于消除或减小椒盐噪声的影响，当 r 取负值时，适合处理"盐"噪声；当 r 取正值时，适合处理"椒"噪声，但它不能同时处理"盐"噪声和"椒"噪声。当 $r=0$ 时，逆谐波均值滤波器退化为算术均值滤波器；当 $r=-1$ 时，逆谐波均值滤波器退化为谐波均值滤波器。

（5）中值滤波器。

中值滤波器和修正的阿尔法均值滤波器、最大值/最小值滤波器、中点滤波器都属于顺序统计滤波器。顺序统计滤波器基于区域 $S(x,y)$ 中像素点灰度的排序，滤波器在任意点 (x,y) 处的响应由排序结果决定。

中值滤波器分为一维中值滤波器和二维中值滤波器。其中，一维中值滤波器仅在行（或列）方向上滤波。以行方向为例，取任意点 (x,y) 周围一维邻域中由 $2n+1$ 个点组成的序列 $\{(x-n,y),(x-n+1,y),\cdots,(x,y),\cdots,(x+n-1,y),(x+n,y)\}$，并按灰度排序，确定该序列中灰度值的中值，并以其替代点 (x,y) 原值。

二维中值滤波器将区域 $S(x,y)$ 中的所有像素点的灰度排序，其计算复原图像 $f'(x,y)$ 的方法如下：

$$f'(x,y) = \text{Med}_{(u,v)\in S(x,y)}[g(u,v)] \tag{6.39}$$

中值滤波是一种保边缘的非线性图像平滑方法，在图像增强和复原中被广泛应用，尤其在图像复原中，对多种随机噪声具有良好的去噪能力，在单极或双极脉冲噪声的去噪处理中应用尤为广泛。

（6）修正的阿尔法均值滤波器。

参考算术均值滤波器的算法，将区域 $S(x,y)$ 中灰度最大的 $M/2$ 个像素和灰度最小的 $M/2$ 个像素至于集合 S_{MinMax} 中，在统计时，去掉集合 S_{MinMax} 中的所有像素，用这种方法构造的滤波器就是修正的阿尔法均值滤波器。修正的阿尔法均值滤波器计算复原图像 $f'(x,y)$ 的方法如下：

$$f'(x,y) = \frac{1}{N-M} \sum_{(u,v)\in S(x,y),(u,v)\notin S_{\text{MinMax}}} g(u,v) \tag{6.40}$$

在修正的阿尔法均值滤波器中，M 可以取 0 到 $N-1$ 之间的任意值。当 $M=0$ 时，修正的阿尔法均值滤波器退化为算术均值滤波器；当 $M=N-1$ 时，修正的阿尔法均值滤波器退化为中值滤波器。

修正的阿尔法均值滤波器往往在对包含多种噪声的退化图像处理中应用。例如，在混合有高斯噪声和椒盐噪声的图像中，由于椒盐噪声的存在，算术均值滤波器和几何均值滤波器的处理结果都受到较大影响；而只要能选取合适的 M 值，修正的阿尔法均值滤波器就可以起到较好的去噪作用。当 M 值较大时，修正的阿尔法均值滤波器的去噪效果接近中值滤波器，但具有更好的平滑能力。

（7）最大值/最小值滤波器。

最大值/最小值滤波器常被用来发现图像中的极值点，而且可以与其他方法相结合处理椒盐噪声。最大值滤波器和最小值滤波器计算复原图像 $f'(x,y)$ 的方法分别如式（6.41）和式（6.42）所示：

$$f'(x,y) = \text{Max}_{(u,v)\in S(x,y)}[g(u,v)] \tag{6.41}$$

$$f'(x,y) = \text{Min}_{(u,v)\in S(x,y)}[g(u,v)] \tag{6.42}$$

（8）中点滤波器。

中点滤波器使用区域 $S(x,y)$ 内最大值和最小值的中间点进行滤波，其计算复原图像 $f'(x,y)$ 的方法如下：

$$f'(x,y) = \frac{1}{2}\{\text{Max}_{(u,v)\in S(x,y)}[g(u,v)] + \text{Min}_{(u,v)\in S(x,y)}[g(u,v)]\} \tag{6.43}$$

中点滤波器结合了均值滤波器和顺序统计滤波器的优点，常被用于均匀随机分布噪声和高斯噪声的去噪。

6.3.2　自适应空域滤波器

6.3.1 节所述空域滤波器并没有考虑图像中各像素特征的差异，因而只能针对特定噪声进行滤除。在实际应用中，往往基于图像局部区域内的像素统计特征进行自适应滤波，这种滤波器在滤除噪声方面的能力优于空域滤波器，但也使计算复杂度提高了，下面介绍两种自适应空域滤波器。

（1）自适应局部噪声消除滤波器。

在图像复原操作中，常用一种自适应局部噪声消除滤波器。随机变量最常用的统计量是数学期望和方差，在图像中，数学期望体现了某个区域灰度平均值的度量，而方差给出了这个区域平均对比度的度量。

自适应局部噪声消除滤波器作用于以点 (x,y) 为中心点的区域 $S(x,y)$，基于以下 4 个量来计算中心点的响应值。

① 区域 $S(x,y)$ 中像素的灰度均值 M_S。

② 区域 $S(x,y)$ 中像素的灰度方差 σ_S^2。

③ 原始图像 $f(x,y)$ 叠加噪声后，形成失真图像在点 (x,y) 处的值 $g(x,y)$。

④ 噪声的方差 σ_n^2。

滤波器需要满足以下 3 个条件。

第一，当 $\sigma_n^2 = 0$ 时，为零噪声，$g(x,y)$ 和 $f(x,y)$ 应该相等。

第二，当 σ_n^2 与 σ_S^2 高度相关时，滤波器需要返回一个 $g(x,y)$ 的近似值。一个典型的局部方差是边缘相关的，并且这些边缘应该保留。

第三，如果两个方差相等，则滤波器返回区域 S 上像素的算术均值，这种情况发生在局部图像与整幅图像有相同特性的前提下，并且局部噪声可以简单地用求平均来降低。

基于上述假定，自适应局部噪声消除滤波器的期望输出如式（6.44）所示，这种方法适用于降低均值和方差确定的加性高斯噪声。

$$f'(x, y) = g(x, y) - \frac{\sigma_n^2}{\sigma_S^2}[g(x, y) - M_S] \qquad （6.44）$$

（2）自适应中值滤波器。

自适应中值滤波器作用于以点 (x,y) 为中心点的区域 $S(x,y)$，基于以下 4 个量来计算中心点的响应值。

① 区域 $S(x,y)$ 中的最小灰度值 Z_{Min}。

② 区域 $S(x,y)$ 中的最大灰度值 Z_{Max}。

③ 区域 $S(x,y)$ 中的灰度中值 Z_{Med}。

④ 点 (x,y) 处的实际灰度值 Z。

滤波器的工作过程如下。

① 如果满足 $Z_{Min}<Z_{Med}<Z_{Max}$，则转到④；否则执行②。

② 增大区域 $S(x,y)$ 的尺寸，并重新计算 Z_{Min}、Z_{Med}、Z_{Max} 的值。

③ 如果 $S(x,y)$ 尺寸小于约定最大值 S_{Max}，则转到①；否则输出 Z_{Med}。

④ 如果满足 $Z_{Min}<Z<Z_{Max}$，则输出 Z；否则输出 Z_{Med}。

自适应中值滤波器根据实际情况选择是否用中值代替原始值，可以在去噪的同时最大限度地保留原始图像的清晰度。

6.4 频域滤波复原

在基于频域滤波的图像复原方法中，经常使用带通滤波器、带阻滤波器和陷波带通/带阻滤波器，它们能够去除或降低周期噪声。

6.4.1 频域滤波与周期噪声

设 $G(u,v)$ 和 $F(u,v)$ 分别为退化图像 $g(x,y)$ 和原始图像 $f(x,y)$ 的傅里叶变换，在频率上，线性移不变系统的复原模型如下：

$$G(u,v) = F(u,v)H(u,v) + N(u,v) \tag{6.45}$$

式中，$H(u,v)$ 和 $N(u,v)$ 分别为点扩散函数 $h(x,y)$ 与噪声函数 $n(x,y)$ 的傅里叶变换，其中，$H(u,v)$ 也称为系统在频域上的传递函数。

基于频域滤波去除周期噪声的过程就是在已知 $G(u,v)$、$H(u,v)$ 和 $N(u,v)$ 的情况下，求得 $F(u,v)$ 的估计值 $F'(u,v)$ 的过程。

6.4.2 常用频域滤波器

（1）带阻滤波器。

图像中的周期噪声可能由多种原因引入，如图像生成系统中的电子元件等。带阻滤波器常用于此类噪声图像的降噪。

常用的带阻滤波器有理想带阻滤波器、巴特沃斯带阻滤波器和高斯带阻滤波器等，其中，理想带阻滤波器的传递函数如下：

$$H(u,v) = \begin{cases} 1 & D(u,v) < D_0 - \dfrac{W}{2} \\ 0 & D_0 - \dfrac{W}{2} \leqslant D(u,v) \leqslant D_0 + \dfrac{W}{2} \\ 1 & D(u,v) > D_0 + \dfrac{W}{2} \end{cases} \tag{6.46}$$

式中，$D(u,v)$ 是点 (u,v) 到频率矩形中心的距离；D_0 是频带的中心半径；W 是频带的宽度。设图像大小为 $M \times N$（单位为像素），则频率矩形的中心为 $(M/2, N/2)$，此时点 (u,v) 到频率矩形中心的距离 $D(u,v)$ 的计算方法如下：

$$D(u,v) = \sqrt{(u - \frac{M}{2})^2 + (v - \frac{N}{2})^2} \tag{6.47}$$

巴特沃斯带阻滤波器的传递函数如下：

$$H(u,v) = \frac{1}{1 + [\dfrac{D(u,v)W}{D^2(u,v) - D_0{}^2}]^{2n}} \tag{6.48}$$

式中，n 为阶数。

高斯带阻滤波器的传递函数如下：

$$H(u,v) = 1 - e^{-\frac{1}{2}[\frac{D^2(u,v) - D_0{}^2}{D(u,v)W}]^2} \tag{6.49}$$

带阻滤波器的典型应用场景是在频域的噪声分量一般位置近似已知的情况下，用来降低对应噪声。

（2）带通滤波器。

带通滤波器执行与带阻滤波器相反的操作，因此，带通滤波器的传递函数可由对应带阻滤波器的传递函数计算得到：

$$H_{BP}(u,v) = 1 - H_{BR}(u,v) \tag{6.50}$$

根据这一关系，可以计算得到理想带通滤波器、巴特沃斯带通滤波器和高斯带通滤波器的传递函数。

当原始图像对应的频段已知时，可使用带通滤波器较好地提取原始图像；同理，当噪声信号对应的频段已知时，可以单独提取噪声信号。

（3）陷波带阻滤波器。

陷波带阻滤波器阻止一些预先定义好的频率的邻域频段，因为傅里叶变换本身具有对称性，所以基于实践意义考虑，这些定义好的频率本身也必须以关于原点对称的形式成对出现，这里仅考虑一对频率的特例。

理想陷波带阻滤波器的传递函数如下：

$$H(u,v) = \begin{cases} 1 & D_0 < D_1(u,v) \&\& D_0 < D_{-1}(u,v) \\ 0 & D_0 \geqslant D_1(u,v) \| D_0 \geqslant D_{-1}(u,v) \end{cases} \tag{6.51}$$

式中，D_0 是频带的中心半径，$D_1(u,v)$ 和 $D_{-1}(u,v)$ 分别是频率矩形中心到定点 (u_1,v_1) 和定点 $(-u_1,-v_1)$ 的距离，设图像大小为 $M×N$（单位为像素），则频率矩形的中心为 $(M/2,N/2)$，$D_1(u,v)$ 和 $D_{-1}(u,v)$ 的计算方法如下：

$$D_1(u,v) = \sqrt{(u - \frac{M}{2} - u_1)^2 + (v - \frac{N}{2} - v_1)^2} \tag{6.52}$$

$$D_{-1}(u,v) = \sqrt{(u - \frac{M}{2} + u_1)^2 + (v - \frac{N}{2} + v_1)^2} \tag{6.53}$$

巴特沃斯陷波带阻滤波器的传递函数如下：

$$H(u,v) = \frac{1}{1 + [\dfrac{D_0^{\ 2}}{D_1(u,v)D_{-1}(u,v)}]^n} \tag{6.54}$$

式中，n 为阶数。

高斯陷波带阻滤波器的传递函数如下：

$$H(u,v) = 1 - e^{-\frac{1}{2}[\frac{D_1(u,v)D_{-1}(u,v)}{D_0^{\ 2}}]} \tag{6.55}$$

（4）陷波带通滤波器。

陷波带通滤波器执行的操作与陷波带阻滤波器执行的操作相反，仅允许一些预先定义好的频率的邻域频段通过，因此，陷波带通滤波器的传递函数可由对应陷波带阻滤波器的传递函数计算得到：

$$H_{\text{NP}}(u,v) = 1 - H_{\text{NR}}(u,v) \tag{6.56}$$

根据这一关系，可以计算得到理想陷波带通滤波器、巴特沃斯陷波带通滤波器和高斯陷波带通滤波器的传递函数。

特殊地，当定点(u_1, v_1)恰好位于原点时，陷波带通滤波器退化为低通滤波器。

周期噪声在频域的表现形式类似于冲击脉冲，对于这类噪声，使用陷波带通（阻）滤波器处理有较好的效果。

6.5　典型图像复原方法

本节主要介绍几种典型的图像复原方法，包括逆滤波复原、维纳滤波复原、非线性迭代复原、约束最小二乘方滤波复原。

6.5.1　逆滤波复原

由退化模型可知，若不考虑噪声，则图像退化是一个卷积的过程。利用傅里叶变换的卷积定理，退化模型可表示为式（6.45）所示的形式。

为计算$F(u,v)$的估计结果$F'(u,v)$，对式（6.45）进行变换，可得到式（6.57）；再对其进行傅里叶反变换，可得到原始图像$f(x,y)$的估计结果$f'(x,y)$，如式（6.58）所示。这是一种无约束复原的频域表示方法。

$$F'(u,v) = \frac{G(u,v)}{H(u,v)} - \frac{N(u,v)}{H(u,v)} \tag{6.57}$$

$$f'(x,y) = F^{-1}\left[\frac{G(u,v)}{H(u,v)} - \frac{N(u,v)}{H(u,v)}\right] \tag{6.58}$$

因为在式（6.57）中体现了反向滤波的思想，所以这种图像复原技术称为逆滤波复原。

从逆滤波复原的基本原理中可以看出，当$H(u,v)=0$时，逆滤波无法进行，而且当$H(u,v)$取值较小时，若$N(u,v)$值较大，那么也会使计算无法得到正确可行的解。因此，往往使用$M(u,v)$代替$H^{-1}(u,v)$：

$$M(u,v) = \begin{cases} H^{-1}(u,v) & H(u,v) > b \\ a & H(u,v) \leq b \end{cases} \tag{6.59}$$

式中，$0 < a < 1$；$0 < b < 1$。显然，当 $H(u,v)$ 取值较小时，使用 a 代替 $H^{-1}(u,v)$，此时式（6.58）被改造为

$$f'(x,y) = F^{-1}[G(u,v)M(u,v) - N(u,v)M(u,v)] \qquad (6.60)$$

有时考虑到在实践中，$H(u,v)$ 的带宽相比噪声带宽要窄得多，$M(u,v)$ 也可以被定义为替式（6.61）所示的形式：

$$M(u,v) = \begin{cases} H^{-1}(u,v) & u^2 + v^2 \leqslant D_0 \\ 0 & u^2 + v^2 > D_0 \end{cases} \qquad (6.61)$$

式中，D_0 为逆滤波器的空间截止频率。

6.5.2 维纳滤波复原

在图像存在噪声的情况下，有时简单的逆滤波方法不能很好地处理噪声，需要采用约束复原的方法，维纳滤波复原就是一种有代表性的约束复原方法，是使原始图像和复原图像之间的均方误差最小的复原方法。

维纳滤波器又称为最小均方误差滤波器，假设噪声 $n(x,y)$ 和原始图像 $f(x,y)$ 不相关，且 $n(x,y)$ 或 $f(x,y)$ 有零均值，估计结果 $f'(x,y)$ 是退化图像 $g(x,y)$ 的线性函数。在满足这些条件的情况下，当均方误差取最小值时，式（6.62）成立：

$$F'(u,v) = [\frac{1}{H(u,v)} \cdot \frac{|H(u,v)|^2}{|H(u,v)|^2 + \dfrac{W_n(u,v)}{W_f(u,v)}}]G(u,v) \qquad (6.62)$$

式中，$W_n(u,v)$ 和 $W_f(u,v)$ 分别为噪声 $n(x,y)$ 与原始图像 $f(x,y)$ 的功率谱。

由式（6.62）可以看出，维纳滤波器没有逆滤波中传递函数为零的问题。因此，维纳滤波能够自动抑制噪声。

当噪声为零时，维纳滤波退化为逆滤波，因此，逆滤波是维纳滤波的特例。而当噪声功率谱 $W_n(u,v)$ 远大于原始图像功率谱 $W_f(u,v)$ 时，维纳滤波又可以避免逆滤波中过于放大噪声的问题。

当采用维纳滤波器复原图像时，需要知道原始图像和噪声的功率谱 $W_n(u,v)$ 和 $W_f(u,v)$。而实际上，这些值都是未知的，通常采用一个常数 T 来代替，即用式（6.63）代替式（6.62），作为近似表达：

$$F'(u,v) = [\frac{1}{H(u,v)} \cdot \frac{|H(u,v)|^2}{|H(u,v)|^2 + T}]G(u,v) \qquad (6.63)$$

【例 6.1】使用维纳滤波复原技术处理图像 "test.jpg"。

【实例分析】MATLAB 中提供了专门的工具函数，用来实现维纳滤波。

J=deconvwnr(l,PSF)：参量 PSF 为矩阵，表示点扩散函数。

J=deconvwnr(l,PSF,NSR)：参量 NSR 为标量，表示信噪比，默认为 0。

源代码：

```
Image=im2double(rgb2gray( imread('test.jpg')));
LEN=21 ;
THETA=11;
PSF =fspecial('mot ion',LEN,THETA );
Blurred= imf ilter( Image, PSF,'conv','circular' );
noise_mean=0;
noise_var=0.0001;
Blurrednoisyl=imnoise(BlurredI,'gaussian',noise_mean, noise_var);
figure,imshow(Blurrednoisyl),title('A');
estimated_ nsr=0;
resultl=deconvwnr(Blurrednoisyl, PSF,estimated_nsr);
figure,imshow(resultl),title('B');
estimated_ nsr=noise_var / var (Image( :));
result2=deconvwnr(Blurrednoisyl,PSF,estimated_nsr);
figure,imshow(result2),title('C');
```

6.5.3　非线性迭代复原

非线性迭代复原是图像复原的经典算法之一。该算法假设图像服从泊松分布，采用最大似然法得到估计原始图像信息的迭代表达式：

$$f_{k+1}^{'}(x,y) = f_k^{'}(x,y)[h(-x,-y) * \frac{g(x,y)}{h(x,y) * f_k^{'}(x,y)}] \tag{6.64}$$

式中，$f_k^{'}(x,y)$ 是第 k 次迭代得到的复原图像。

MATLAB 提供了用非线性迭代复原算法复原图像的函数 deconvlucy，该函数在基本非线性迭代复原基础上进行了一些改进：减小噪声的影响、对图像质量不均匀的像素进行修正等，这些改进加快了图像复原的速度，并改善了复原效果。

【例 6.2】使用 deconvlucy 函数迭代处理模糊图像。

【实例分析】使用 J=deconvlucy(I,PSF)实现非线性迭代复原算法对图像 I 去卷积，返回去模糊的图像 J。假定图像是通过用点扩散函数 PSF 卷积真实图像并可能通过添加噪声而创建的。为了改善和比较复原效果，可以传入多组参数。

源代码：

```
I=checkerboard(8);
PSF=fspecial('gaussian',7,10);
V = 0.0001;
```

```
BlurredNoisy=imnoise(imfilter(I,PSF),'gaussian',0,V);
WT = zeros(size(I));WT(5:end−4,5:end−4)=1;
J1=deconvlucy(BlurredNoisy,PSF);
J2=deconvlucy(BlurredNoisy,PSF,20,sqrt(V));
J3=deconvlucy(BlurredNoisy,PSF,20,sqrt(V),WT);
subplot(221);
imshow(BlurredNoisy);
title('A = Blurred and Noisy');
subplot(222);
imshow(J1);
title('deconvlucy(A,PSF)');
subplot(223);
imshow(J2);
title('deconvlucy(A,PSF,NI,DP)');
subplot(224);
imshow(J3);
title('deconvlucy(A,PSF,NI,DP,WT)');
```

6.5.4 约束最小二乘方滤波复原

维纳滤波复原相比于逆滤波复原能获得更好的效果，但是，如前所述，维纳滤波需要知道原始图像和噪声的功率谱，而实际上，这些值是未知的，对原始图像功率谱和噪声功率谱比值的估计往往过多地依赖人为因素。

在仅知道噪声方差的情况下，可以考虑使用约束最小二乘方滤波复原方法。约束最小二乘方滤波复原采用最小化原始图像二阶微分的方法，在式（6.65）所示的约束条件下，求解原始图像 $f(x,y)$ 的最佳估计结果 $f'(x,y)$。

$$\| n(x,y) \|^2 = \| g(x,y) - H(f(x,y)) \|^2 \tag{6.65}$$

原始图像 $f(x,y)$ 在点 (x,y) 处的二阶微分如下：

$$\nabla^2 f(x,y) = f(x+1,y) + f(x-1,y) + f(x,y+1) + f(x,y-1) - 4 \times f(x,y) \tag{6.66}$$

即此二阶微分实际上是原始图像 $f(x,y)$ 与 Laplacian 算子 $p(x,y)$的卷积。其中，Laplacian 算子 $p(x,y)$如下：

$$p(x,y) = \begin{bmatrix} 0 & 1 & 0 \\ 1 & -4 & 1 \\ 0 & 1 & 0 \end{bmatrix} \tag{6.67}$$

最佳估计结果 $f'(x,y)$ 可以由式（6.68）得到：

$$f'(x,y) = F^{-1}(F'(u,v)) = F^{-1}\left(\frac{H^*(u,v)}{|H(u,v)|^2 + \gamma |P(u,v)|^2} \times G(u,v) \right) \tag{6.68}$$

式中，$P(u,v)$ 是 Laplacian 算子 $\boldsymbol{p}(x,y)$ 的傅里叶变换形式；γ 是可调整参数，当 $\gamma=0$ 时，退化为逆滤波复原方法。

在实际应用中，约束最小二乘方滤波复原方法对退化图像处理效果的优劣往往与可调整参数 γ 的选取有较大的关系。

【例 6.3】对 lena 图加模糊和运动效果，并用约束最小二乘方滤波方法复原。

【实例分析】首先使用 fspecial 函数产生点扩散效应，即模糊化；再使用 imnoise 函数添加噪声；最后使用 ifft2 函数实现约束最小二乘方滤波在频域中的表达式，完成图像复原。

源代码：

```
I = im2double(imread('lena.bmp'));
[hei,wid] = size(I);
subplot(2,2,1),imshow(I);
title('原始图像');
LEN = 21;
THETA = 11;
PSF = fspecial('motion', LEN, THETA);
blurred = imfilter(I, PSF, 'conv', 'circular');
subplot(2,2,2), imshow(blurred); title('模糊图像');
Pf = psf2otf(PSF,[hei,wid]);
noise_mean = 0;
noise_var = 0.00001;
blurred_noisy = imnoise(blurred, 'gaussian',noise_mean, noise_var);
subplot(2,2,3), imshow(blurred_noisy);
title('带运动模糊和噪声图像');
p = [0 -1 0;-1 4 -1;0 -1 0];
```

6.6 几何失真校正

在图像生成和显示过程中，由于成像系统本身具有非线性特性，或者在拍摄时，成像系统光轴和景物之间存在一定的倾斜角度，所以往往会使图像产生几何失真，这也可以看成是一种图像退化。几何失真校正是通过几何变换来校正失真图像中像素的位置，以便恢复原来像素空间关系的复原技术。

假设一幅图像为 $f(x,y)$，由于几何失真变为 $g(x',y')$，失真前后像素点的坐标满足以下关系：

$$\begin{cases} x' = h_x(x, y) \\ y' = h_y(x, y) \end{cases} \tag{6.69}$$

若几何失真是线性变换，则有

$$\begin{cases} x' = a_x x + b_x y + c_x \\ y' = a_y x + b_y y + c_y \end{cases} \qquad (6.70)$$

显然，要求解点(x,y)和点(x',y')之间的几何关系，只需知道 6 个参数的值即可。此时只需标记 3 对或 3 对以上的像素点对应关系，就可以列方程组求解 6 个参数的具体值，进而校正几何失真图像$g(x',y')$。

获取 3 对或 3 对以上的像素点对应关系的方法有很多，在实际应用中，往往采用图像特征点匹配的方法获取或手动标注。

6.7 课程思政

针对本章的学习内容，下面介绍关于课程思政的案例设计。

图像复原技术助力考古，保护中华文化遗产。

思政案例：数字图像修复技术中的文物虚拟修复技术就是对一些文物数字图像中缺失、损坏的部分，应用现有的图像信息，根据一定的修复原则进行还原修复的技术，主要目的是使修复后的数字图像无限接近原始图像。

在文物保护领域，受到很多历史因素或其他客观因素的影响，出土的文物和存放时间长的文图表面会有很多的缺失、破损，如裂缝、咬色、生锈、霉变等，这使得文物信息大量缺失，对文物欣赏及研究有很大的影响。在以往的文物修复过程中，一般是修复工作者通过补色、刷洗等方法对文物进行简单修复；即使在当今的文物修复中，依然主要由具有想象力的修复专家在文物本体上进行处理。这种处理一旦形成便很难更改，稍有大意，存留下来的文明将不复存在，因此风险性极高。同时，不同的文物专家通常对文物修复有不同的看法，分歧意见难以统一。

为了更好地解决上述问题，可以利用计算机虚拟修复技术，对需要修复的文物及数字图像进行仔细评估，充分运用统计学理论及微积分方程建立预测模型，再用图像已知区域信息对缺失区域进行评估，这样便可更好地对数字图像进行虚拟修复，更加方便、快速地提出修复方案，大大缩短文物修复的工作周期，有效预防手工修复过程对文物造成二次伤害，同时避免人工修复中主观因素的影响，最大限度地修复文物的缺失信息，使文物重现原貌。

在文物虚拟修复实验中，对任何情况下的信息缺失的修复，均需要遵循文物保护"修复如初"的基本原则。例如，现存于西安碑林博物馆的唐昭陵六骏石刻中的"清雅"就采用了计算机图像修复算法，进行了原型修复，对图像中的裂痕进行了严密合理的计算估计，并根据所得周围像素的数值对裂隙处的像素进行了填算，从而在一定程度上填补了缝隙中缺失的相关信息，使修复效果较为连续自然。

本章小结

本章的重点是对图像退化理论和图像复原算法的理解与应用；难点是在进行图像复原时，如何根据退化模型的特点选用合适的复原方法，以应对不同来源、不同特征的退化和失真。本章主要涵盖以下几方面内容。

1. 图像退化模型

图像的退化模型可以分为连续退化模型和离散退化模型两大类。连续退化过程的数学表达可以简单理解为一幅原始图像 $f(x,y)$ 经过退化算子或退化系统 H 作用，再和噪声 $n(x,y)$ 进行叠加，形成退化后图像 $g(x,y)$。对连续退化模型进行均匀采样即可得到离散退化模型。

2. 噪声模型

噪声的空间特性是指定义噪声空间属性的参数，以及噪声本身是否与图像相关。噪声的频率特性是指噪声傅里叶谱的数学特征。在图像处理应用中，常见的随机噪声的概率密度函数有高斯噪声、伽马噪声、瑞利噪声、指数分布噪声、均匀分布噪声、脉冲噪声等。

3. 空域滤波复原

空域滤波复原是在已知噪声模型的基础上对图像进行空域滤波，力求去除或降低噪声。常见的空域滤波器有均值滤波器和顺序统计滤波器两大类，中值滤波器和修正的阿尔法均值滤波器、最大值/最小值滤波器、中点滤波器都属于顺序统计滤波器。

4. 频域滤波复原

在基于频域滤波的图像复原方法中，经常使用带通滤波器、带阻滤波器和陷波带阻/带通滤波器，它们能够去除或降低周期噪声。

5. 几何失真校正

几何失真校正是通过几何变换来校正失真图像中像素的位置，以便恢复原来像素空间关系的复原技术。几何失真校正的要点是建立空间变换方程组，再标记像素点对应关系，求解方程组参数，进而校正几何失真图像。

练习六

一、填空题

1. 图像复原的关键是退化模型的建立，而图像的退化模型又可以分为_____模型和离散退化模型两大类。

2. 对于脉冲噪声，灰度值 b 和 a 在图像中分别显示为亮点与暗点，当概率密度 P_a 和 P_b 中有一个为零时，此脉冲噪声为_____。

3. 当参数 $r=0$ 时，逆谐波均值滤波器退化为算术均值滤波器；当 $r=-1$ 时，逆谐波均值滤波器退化为_____。

二、选择题

1. 白噪声具有常量的功率谱，即其强度随着频率的升高而（　　）。

A. 消失　　　　　　B. 增加　　　　　　C. 衰减　　　　　　D. 不变

2. 一般将点扩散函数 $h(x,y)$ 进行傅里叶变换所得到的函数 $H(u,v)$ 称为（　　）。

A. 光学传递函数　　　　　　　　　　B. 冲激响应函数

C. 共轭函数　　　　　　　　　　　　D. 能量函数

3. 在做几何失真校正时，如果失真是线性变换，则最少需要标注（　　）对像素点，才能计算空间变换参数。

A. 2　　　　　　　　B. 3　　　　　　　　C. 5　　　　　　　　D. 6

三、程序题

1. 对退化图像 A.bmp 实现几何均值滤波。

2. 对退化图像 B.bmp 实现修正的阿尔法均值滤波。

3. 编写程序，人为造成图像模糊化，并用直接逆滤波的方式复原。

4. 编写程序，对运动模糊图像进行维纳滤波。

5. 编写程序，产生几何失真图像，并手动标注 3 对像素点，实现几何失真校正。

四、简答题

1. 比较几何均值滤波器和算术均值滤波器在去噪应用上的优点与缺点。

2. 逆谐波均值滤波器适合哪些种类噪声图像的降噪呢？

3. 中值滤波器适合处理哪些种类的退化图像呢？

4. 维纳滤波复原相比于直接逆滤波复原有哪些优点？

5. 简述约束最小二乘方滤波复原在实践中的应用效果与哪些因素有关。

第7章　图像压缩与编码

图像压缩的目的是减少图像数据中的冗余信息，从而用更加高效的格式存储和传输数据。利用某种编码方法，在一定程度上消除图像信号在空域或时域上存在的相关特性，便可实现图像信息的数据压缩。本章主要介绍图像数据冗余的概念和表示，以及包括有限失真图像压缩编码和无失真图像压缩编码两大类方法的各种压缩编码技术。其中，着重介绍基于静态图像和动态图像的压缩编码标准，以及霍夫曼编码、算术编码、行程长度编码等具体编码压缩技术的算法实现。

本章要点

- 背景知识：图像信息熵，编码冗余的量化。
- 无失真图像压缩编码：无损编码理论，统计编码技术。
- 有限失真图像压缩编码：预测编码，变换编码。
- JPEG 压缩：JPEG 标准，JPEG 2000。
- 动态图像压缩技术标准：H 系列标准，MPEG 系列标准。

信息时代带来了"信息爆炸"，使数据量大增，因此，无论传输或存储，都需要对数据进行有效的压缩。图像压缩是数据压缩技术在数字图像中的应用。

7.1　背景知识

图像信号数字化后的数据量非常大，给信息的存储和传输带来了很大的困难。为了有效地传输、存储、管理、处理和应用图像，有必要将表示一幅图像所需的数据量进行压缩，这是图像编码要解决的主要问题。因此，也常将图像编码称为图像压缩，即对于特定量图像信息，设法寻找一种能够有效地对其进行表达的符号代码，力求用最少的码数存储或传递最大的信息量。

图像压缩编码的目的可以是节省图像存储器的容量，也可以是压缩图像传输信道的容量，还可以是缩短图像加工处理的时间。根据图像内容的不同，以及应用目的的不同，可以选择不同的压缩编码方法。

7.1.1　图像信息量与信息熵

在信息论中，熵是接收的每条消息中包含的信息的平均量，又被称为信息熵、信源熵、平均自信息量。这里，"消息"代表来自分布或数据流中的事件、样本或特征（熵最好理解为不确定性的量度，而不是确定性的量度，因为越随机的信源的熵越大）。对信源的基于样本的概率分布，事件的概率分布和每个事件的信息量构成了一个随机变量，这个随机变量的均值就是这个随机事件产生的信息量的平均值。

信息量度量的是一个具体事件发生所带来的信息，而熵考虑的不是某一单个符号发生的不确定性，而是这个信源所有可能发生情况的平均不确定性。若信源符号有 n 种取值：$u_1, u_2, \cdots, u_n$，对应的概率为 $p_1, p_2, \cdots, p_n$，且各种符号的出现彼此独立。这时，单个符号的不确定性为 $-\log(p_i)$，而信息源的平均不确定性为所有符号的不确定性的统计平均值，可称为信息熵，可以表示为

$$H(x) = -\sum_{i=1}^{n} p_i \times \log p_i \tag{7.1}$$

图像作为信息源也适用于信息熵理论。图像熵是一种特征的统计形式，反映了图像中平均信息量的多少。图像的一维熵表示图像中灰度分布的聚集特征包含的信息量。设图像灰度分布范围为[0, max]，令 p_i 表示图像中灰度值为 i 的像素所占的比例（可由灰度直方图获得），则定义灰度图像的一维熵为

$$H = -\sum_{i=0}^{\max} p_i \times \log p_i \tag{7.2}$$

图像的一维熵能表示图像灰度分布的聚集特征，却不能反映图像灰度分布的空间特征，为了表征这种空间特征，可以在一维熵的基础上引入能够反映灰度分布空间特征的特征量来组成图像的二维熵。选择图像的邻域灰度均值作为灰度分布空间特征的特征量，与图像的像素灰度组成特征二元组，记为 (i, j)，其中，i 表示像素的灰度值（$0 \leqslant i \leqslant \max$），$j$ 表示邻域灰度均值（$0 \leqslant j \leqslant \max$）。此时，二元组 (i, j) 对应的概率 $p_{i,j}$ 可由下式计算：

$$p_{i,j} = \frac{f(i, j)}{N \times M} \tag{7.3}$$

式中，$f(i, j)$ 是二元组 (i, j) 的出现频数；N 和 M 分别为图像的宽与高。据此可定义离散的图像二维熵：

$$H = -\sum_{i=0}^{\max} \sum_{j=0}^{\max} p_{i,j} \times \log p_{i,j} \tag{7.4}$$

7.1.2　图像数据冗余

图像信号固有的统计特性表明，相邻像素之间、相邻行之间、相邻帧之间都存在较强的相关特性。只要利用某种编码方法在一定程度上消除这些相关特性，便可实现图像信息

的数据压缩。这个过程用来去除那些无用的冗余信息，属于保持有效信息的压缩编码。

数据冗余并不是一个抽象概念，而是可以通过式（7.5）进行量化的：

$$R_\mathrm{D} = 1 - \frac{1}{C_\mathrm{R}} \tag{7.5}$$

式中，C_R 通常称为压缩率。假设 n_1 和 n_2 分别表示两个数据集合中信息载体的单位个数（假设 $n_1 > n_2$），且这两个数据集合是对相同信息的表达，则对于第一个数据集合，压缩率可以用下式计算：

$$C_\mathrm{R} = \frac{n_1}{n_2} \tag{7.6}$$

在不改变信息总量的前提下，当冗余减少或消除时，就实现了数据压缩。

（1）冗余的分类。

数字图像中可能存在不同种类的冗余，可从其表现形式上分类为编码冗余、空间冗余、时间冗余、视觉冗余、结构冗余和知识冗余。

编码冗余（信息熵冗余）：如果图像中平均每个像素使用的比特数大于该图像的信息熵，则图像中存在冗余，这种冗余称为编码冗余，也称为信息熵冗余。

空间冗余（几何冗余）：图像内部相邻像素之间存在较强的相关性造成的冗余。在同一景物表面，采样点的颜色之间往往存在着空间连贯性，但是基于离散像素采样来表示物体颜色的方式通常没有利用这种连贯性。可借助像素点邻域其他像素的灰度值推断是否存在空间冗余。空间冗余是静态图像中存在的最主要的一种数据冗余。例如，图像中有一片连续的区域，其像素为相同的颜色，此时会产生空间冗余。

时间冗余（帧间冗余）：视频图像序列中的不同帧之间的相关性造成的冗余，大部分相邻图像间的对应点像素都是缓慢过渡的。

视觉冗余：人眼不能感知或不敏感的那部分图像信息。

结构冗余：图像中存在很强的纹理结构或自相似性。

知识冗余：在有些图像中，还包含与某些验证知识有关的信息。

在以上几类冗余中，编码冗余和空间冗余往往能够通过较为简单直接的方法进行识别与量化。

（2）编码冗余的识别与量化。

图像的灰度直方图中保存着图像外观的大量信息，因此，可以通过灰度直方图深入了解编码结构，进而减少表达图像所需的数据量。

由于大多数图像的灰度直方图不是均匀（水平）的，所以图像中某个或某些灰度级会比其他灰度级具有更大的出现概率，如果对出现概率大和出现概率小的灰度级都分配相同的比特数，则必定会产生编码冗余。

（3）空间冗余的识别与量化。

当存在空间冗余时，单个像素携带的信息相对较少，单一像素对于一幅图像的多数视觉贡献是多余的，其值可以通过与其相邻的像素的值来推断。

7.2　无失真图像压缩编码

图像压缩的目标是在满足一定的图像质量的条件下，用尽可能少的比特数来表示原始图像，以减小图像的存储容量和提高图像的传输效率。

在绝大多数图像的像素之间，各像素行（或动态图像相邻帧）之间存在着较强的相关性。从统计观点出发，就是每个像素的灰度值（或颜色值）总是与其周围的其他像素的灰度值（或颜色值）存在某种关系，应用某种编码方法减弱这些相关性就可实现图像压缩。

图像 $f(x, y)$ 经过编码、信道传输、解码并最终生成解码图像 $f'(x, y)$ 的过程如图 7.1 所示。

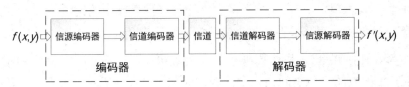

图 7.1　图像 $f(x,y)$ 经过编码、信道传输、解码并最终生成解码图像 $f'(x,y)$ 的过程

其中，信道编码器和信道解码器是一种用来实现抗干扰、抗噪声的可靠数字通信技术措施。信道编码器通过向信源编码数据中插入可控制的冗余数据来减小信道噪声造成的影响。

而信源编码器与信源解码器有着与前两者完全不同的作用。在信息论中，把通过减少冗余来压缩数据的过程称为信源编码。信源编码器的作用就是减少或消除输入图像中的编码冗余。

在本章的后续各节中，如果没有特殊说明，那么所介绍的编码一般特指信源编码、解码一般特指信源解码。

可以根据图像在编码后是否可经解码完全恢复为原始图像将压缩编码方法分为无失真图像压缩编码和有限失真图像压缩编码。在编码系统中，无失真图像压缩编码也称为熵编码。

7.2.1　无损编码理论

无失真图像压缩编码在压缩和解压缩过程中没有信息损失，最后得到的解码图像与原始图像一样。有限失真图像压缩编码常能取得较高的压缩率，但图像经过压缩后并不能通过解压缩完全恢复原状。在这种情况下，就需要有对信息损失的测度，以描述解码图像相对于原始图像的偏离程度，这些测度一般称为保真度（逼真度）准则。

保真度准则又分为主观保真度准则和客观保真度准则。

（1）主观保真度准则。

主观评价的一般方法是，通过给一组观察者提供原始图像和典型的解压缩图像，由每个观察者对解压缩图像的质量给出一个主观的评价，并将他们的评价结果进行综合平均，从而得出一个统计平均意义下的评价结果。

（2）客观保真度准则。

当所损失的信息量可表示成原始图像与该图像先被压缩后被解压缩而获得的图像的函数时，就称该函数是基于客观保真度准则的。

设 $f(x,y)$ 表示原始图像，$f'(x,y)$ 表示先被压缩后被解压缩而获得的图像，$x \in [0, M-1]$，$y \in [0, N-1]$，则对于任意的 x 和 y，$f(x,y)$ 和 $f'(x,y)$ 之间的误差 $e(x,y)$ 都可由式（7.7）定义：

$$e(x,y) = f'(x,y) - f(x,y) \tag{7.7}$$

两幅图像之间的总误差 $E(x,y)$ 可由式（7.8）定义：

$$E(x,y) = \sum_{x=0}^{M-1} \sum_{y=0}^{N-1} \left| f'(x,y) - f(x,y) \right| \tag{7.8}$$

一般，以式（7.8）为基础，把被压缩图像与解压缩之后的图像之间的均方根误差和均方根信噪比作为两种常用的客观保真度准则。$f(x,y)$ 与 $f'(x,y)$ 之间的均方根误差 e_{rms} 由式（7.9）定义：

$$e_{\text{rms}} = \left\{ \frac{1}{MN} \sum_{x=0}^{M-1} \sum_{y=0}^{N-1} [f'(x,y) - f(x,y)]^2 \right\}^{\frac{1}{2}} \tag{7.9}$$

$f(x,y)$ 与 $f'(x,y)$ 之间的压缩信噪比 SNR 由式（7.10）定义，压缩均方根信噪比 SNR_{rms} 是压缩信噪比 SNR 的平方根，即

$$\text{SNR} = \frac{\sum\limits_{x=0}^{M-1} \sum\limits_{y=0}^{N-1} f'(x,y)^2}{\sum\limits_{x=0}^{M-1} \sum\limits_{y=0}^{N-1} [f'(x,y) - f(x,y)]^2} \tag{7.10}$$

$$\text{SNR}_{\text{rms}} = \sqrt{\frac{\sum\limits_{x=0}^{M-1} \sum\limits_{y=0}^{N-1} f'(x,y)^2}{\sum\limits_{x=0}^{M-1} \sum\limits_{y=0}^{N-1} [f'(x,y) - f(x,y)]^2}} \tag{7.11}$$

对于无失真图像压缩编码，$f(x,y)$ 和 $f'(x,y)$ 之间的总误差为 0。

无失真图像压缩编码也称为无损编码，是一种在不引入任何失真的条件下，使表示信

息的数据比特率最小的压缩编码方法，广泛用于文本数据、程序和特殊应用场合的图像数据（如指纹图像、医学图像等）的压缩。

利用图像数据的统计冗余进行压缩，可完全恢复原始数据而不引起任何失真，信息没有任何丢失，压缩过程是可逆的。在信息论中，把这种通过减少冗余数据来实现数据压缩的过程称为信源编码。

图像无损编码中最常用的是统计编码技术。

7.2.2 统计编码技术

统计编码（Statistical Coding）是一类建立在图像的统计特性基础之上的压缩编码方法，力求减少存在于图像灰度级的自然二进制编码过程中的编码冗余，使用变长编码结构，把最短的码字赋予出现概率最大的灰度级。

为达到这个目的，显然，在编码过程中，需要有对原有符号系统进行变换的机制，而解码过程也需要有对应的反变换机制，信源编码模型和信源解码模型可分别由图 7.2 与图 7.3 表示。

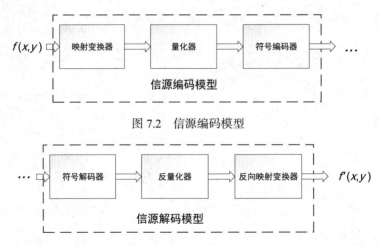

图 7.2 信源编码模型

图 7.3 信源解码模型

其中，映射变换器的作用是将输入的图像数据转换为可以减少输入图像中像素间冗余的表示格式，输出是比原始图像数据更适合高效压缩的图像表示形式；量化器的作用是产生用于表示被压缩图像的有限数量的符号；符号编码器的作用是给量化器输出的每一个符号分配一个码字或二进制比特流。

可见，不同的编码方法的本质区别在于如何建立新的符号系统，以及如何在新旧符号系统之间进行映射变换。

（1）变长编码。

变长编码的基本思想是用尽可能少的比特数表示出现概率尽可能大的灰度级，以实现数据的压缩编码。由于利用这些编码方法得到的码字长度是不相等的，所以称为变长编码。

设一幅图像的灰度级集合为 $X = \{x_0, x_1, \cdots, x_n\}$，图像中每个灰度级出现的概率分别为 $P(x_0), P(x_1), \cdots, P(x_n)$；若对 X 编码得到的代码为 $W = \{w_0, w_1, \cdots, w_n\}$，其中每个码字 w_i 的比特数（长度）为 $l(x_i)$，则表示每个灰度级所需的平均长度（比特数）可由下式计算得到：

$$\bar{l} = \sum_{i=0}^{n} P(x_i) \times l(x_i) \tag{7.12}$$

也就是说，将每个灰度级值的比特数和图像中该灰度级值出现的概率相乘，将所得乘积相加后就可得到对该幅图像编码的码字的平均长度。显然，如果对具有最大概率 $P(x_{\max})$ 的灰度级值 $x_{\max}$ 用最少位数的码字 $w_{\max}$ 编码，则会得到具有最短平均码字长度的代码。

（2）费诺编码。

费诺编码方法认为，在数字形式的码字中，0 和 1 是相互独立的，因而它们出现的概率也应是相等的（为 0.5 或接近 0.5），这样就可确保传输的每一位码都含有 1 比特的信息量。

若设输入的离散信源符号集为 $X = \{x_0, x_1, \cdots, x_n\}$，其出现概率分别为 $P(x_0), P(x_1), \cdots,$ $P(x_n)$，要求的费诺码为 $W = \{w_0, w_1, \cdots, w_n\}$，则费诺编码方法的步骤如下。

① 把输入的信源符号 x_i 及其出现的概率 $P(x_i)$ 按概率值的非递增顺序从上到下依次并列排列。

② 按概率之和相等或相近的原则把 X 分成两组，并给上面或概率之和较大的组赋值 1，给下面或概率之和较小的组赋值 0。

③ 按概率之和相等或相近的原则把现有的组分成两组，并给上面或概率之和较大的组赋值 1，给下面或概率之和较小的组赋值 0。

④ 重复第③步的分组和赋值过程，直至每个组只有一个符号。

⑤ 把对每个符号所赋的值依次排列，就可得到信源符号集 X 的费诺码。

（3）其他统计编码技术。

霍夫曼编码、算术编码和行程长度编码都是典型且常用的统计编码算法，将在 7.2.3 节中进行详细介绍。

7.2.3　典型压缩编码算法

（1）霍夫曼编码的 MATLAB 实现。

霍夫曼编码是一种可变字长编码方式，由 Huffman 于 1952 年提出。该方法完全依据字符的出现概率来构造异字头的平均长度最短的码字，有时也称为最佳编码。

霍夫曼编码的基本方法是先对图像数据扫描一遍，计算出各种像素出现的概率，按概率的大小指定不同长度的唯一码字，由此得到一个该图像的霍夫曼码表。编码后的图像数据记录的是每个像素的码字，而码字与实际像素值的对应关系记录在码表中。

码字的具体生成方式是：先按出现的概率大小排队，把两个最小的概率相加，作为新的概率和剩余的概率重新排队，再把最小的两个概率相加，再重新排队，直到最后变成 1。每次在相加时，都将"0"和"1"赋予相加的两个概率；在读出时，由该符号开始一直走到最后的"1"，将路线上遇到的"0"和"1"按最低位到最高位的顺序排好，这就是该符号的霍夫曼编码。

霍夫曼编码的码字是异前置码字，即任一码字不会是另一码字的前面部分，这使各码字可以连在一起传送，中间不需要另加隔离符号，只要传送时不出错，收端就可分离各个码字，不致混淆。

霍夫曼编码的具体算法步骤如下。

① 进行概率统计（如对一幅图像或 m 幅同类型图像做灰度信号统计），得到各个不同概率的信息符号。

② 将 n 个信源符号的 n 个概率按照从大到小的顺序排序。

③ 将 n 个概率中最小的两个概率相加，这时概率的个数减少为 $n-1$ 个。

④ 将 $n-1$ 个概率按照从大到小的顺序重新排序。

⑤ 重复步骤③，将新排序后的最小的两个概率再次相加，将相加之和与其余概率一起再次排序。如此重复下去，直到概率和为 1。

⑥ 给每次相加的两个概率值以二进制码元。用 0 或 1 赋值，大的赋 0，小的赋 1（或相反，但需要整个过程保持一致）。

⑦ 从最后一次概率相加到第一次参与相加，依次读取所赋码元，构造霍夫曼码字，编码结束。

【例 7.1】基于 MATLAB 编程，实现图像"Image"的霍夫曼编码。

【实例分析】霍夫曼编码首先统计符号出现的概率，再从小到大合并。由结果可见，该算法可以将出现概率较小的符号赋予较长的编码，而将出现概率较大的符号赋予较短的编码，通过变长编码实现图像压缩。

源代码：

```
Image = [8 3 6 2 5 8 6 1;6 8 8 8 8 7 8 8;3 8 8 6 8 8 6 5;6 3 5 8 4 3 8 6;
         2 8 7 6 8 7 8 3;4 4 8 4 6 8 5 2;8 3 2 8 4 4 8 6;1 4 8 6 8 3 8 5];
[h w]=size( lmage);
totalpixelnum = h*w;
1en = max(Image(:)) + 1;
for graynum = 1:len
    gray(graynum,1)= graynum −1;
end
for graynum = 1:len
```

```
                histgram(graynum) = 0;
                gray(graynum, 2) = 0;
                for i = 1:w
                    for j = 1:h
                        if gray( graynum,1) == Image(j,i)
                            histgram(graynum) = histgram(graynum) + 1;
                        end
                    end
                end
                histgram(graynum) = histgram(graynum) / totalpixelnum;
end
histbackup = histgram;
sum = 0;
treeindex = 1;
while(1)
    if sum>= 1.0
            break;
    else
            [sum1, pl] = min(histgram(1:len)) ;
            histgram (pl) = 1.1;
            [sum2, p2] = min(histgram(1:len)) ;
            histgram(p2) = 1. 1;
            sum = suml + sum2 ;
            len = len + 1;
            histgram(len) = sum;
            tree(treeindex, 1) = pl;
            tree(treeindex, 2) = p2 ;
            treeindex = treeindex + 1;
    end
end
for k = 1:treeindex −1
    i = k;
    codevalue = 1;
    if or(tree(k, 1) <= graynum, tree(k, 2) <= graynum)
        if tree(k, 1) <= graynum
            gray(tree(k,1),2) = gray(tree(k,1),2) + codevalue;
            codelength = 1;
            while( i < treeindex −1)
                codevalue = codevalue * 2;
                for j = i:treeindex −1
                    if tree( j , 1) == i + graynum
                        gray(tree(k,1),2) = gray(tree(k,1),2) + codevalue;
                        codelength = codelength + 1;
```

```
                    i = j;
                    break;
                elseif tree(j, 2) == i + graynum
                    codelength = codelength + 1;
                    i = j;
                    break;
                end
            end
        end
        gray(tree(k,1) ,3) = codelength;
    end
    i = k;
    codevalue = 1;
    if tree(k, 2) <= graynum
        codelength = 1;
        while(i < treeindex -1)
            codevalue = codevalue*2;
            for j = i:treeindex -1
                if tree(j,1) == i + graynum
                    gray(tree(k,2),2) = gray(tree(k,2),2) + codevalue; codelength = codelength + 1;
                    i = j;
                    break;
                elseif tree(j,2) == i + graynum
                    codelength = codelength + 1;
                    i = j;
                    break;
                end
            end
        end
        gray(tree(k,2),3) = codelength;
    end
end
for k = 1:graynum
    RstImg{k} = dec2bin(gray(k,2),gray(k, 3)) ;
end
disp('霍夫曼编码');
disp(RstImg);
```

（2）算术编码的 MATLAB 实现。

算术编码是在 20 世纪 60 年代初期由 Elias 提出的，由 Rissanen 和 Pasco 首次介绍了其实用技术。算术编码与霍夫曼编码不同，它无须为一个符号设定一个码字，即不存在源符号和码字间的一一对应关系。算术编码是一种无损数据压缩方法，也是一种熵编码方法。

与其他熵编码方法不同的地方在于，其他的熵编码方法通常是把输入的消息分割为符号，然后对每个符号进行编码；而算术编码是直接把整个输入的消息编码为一个数，且是一个满足 $0.0 \leqslant f < 1.0$ 的浮点数 f。

在给定符号集和符号概率的情况下，算术编码可以给出接近最优的编码结果。要使用算术编码压缩算法，通常要先对输入符号的概率进行估计，再编码。这个估计越准，编码结果就越接近最优结果。

算术编码是将待编码的图像数据看作由多个符号组成的序列，直接对该符号序列进行编码。经算术编码后，输出的码字对应于整个符号序列，而每个码字本身确定了 0 和 1 之间的一个实数区间。

算术编码的基本原理为：将输入图像看作一个位于实数线上 [0,1) 区间的信息符号序列，首先将区间 [0,1) 划分为若干子区间，分别分给各个符号，依据符号出现概率划分子区间的宽度，各个子区间互不重叠，且每个子区间都有一个唯一的起始值或左端点；然后对输入的符号序列编码，从第一个符号开始，迭代递推，逐次引入新的符号，对当前符号序列编码，符号序列越长，相应的子区间越窄，编码表示该子区间所需的位数就越多，码字越长。此方法以区间作为代码。

在算术编码过程中，对输入的符号序列进行算术运算的迭代递推关系式如下：

$$\text{Head}_n = \text{Head}_b + \text{Left}_c \times l \tag{7.13}$$

$$\text{Tail}_n = \text{Head}_b + \text{Right}_c \times l \tag{7.14}$$

式中，Head_b 为迭代递推过程中上一个区间的起始位置；Left_c 为当前符号子区间的起点；Right_c 为当前符号子区间的终点；l 为上一个区间的长度。在得到整个符号序列对应的区间后，将数值进行二进制编码，忽略整数部分的 0，仅考察小数部分编码，取区间内的最短编码作为整个符号序列的编码。

【例 7.2】基于 MATLAB 编程，实现测试图像的算术编码及其解码。

【实例分析】算术编码首先计算符号出现概率，以此来划分子区间的宽度；再迭代递推，逐个将所有符号加入符号序列，并对整个符号序列进行编码。由结果可见，该算法可以将整个符号序列最终映射为一个 [0,1) 范围内的实数区间。

源代码：

```
I = [1 2 3;5 2 3;9 7 3];   % 测试数据模拟图像
[m,n] = size(I);
[sym,prob] = SymbolsAndProbabilityStatistics(I);   % 计算符号及其出现概率
% 算术编码
dict = arithmeticdict(sym,prob);   % 初始编码区间
sig = I(:);   % 编码向量
enco = arithmeticenco(sig,dict);   % 编码
fprintf('算术编码为：%16.15f\n',enco);
```

```matlab
dsing = arithmeticdeco((enco(1)+enco(2))/2,dict,m,n);   % 解码（取上下区间的平均值）
ide = col2im(dsing,[m,n],[m,n],'distinct');   % 把向量重新转换成图像块
figure;
subplot(121),imshow(I,[]),title('原始图像');
subplot(122),imshow(ide,[]),title('解压图像');
% 以下是 m 文件中的各个函数
% 得到图像的符号和概率
function [sym,prob] = SymbolsAndProbabilityStatistics(I)
    [m,n] = size(I);
    sym = zeros(1);   % 符号数组
    prob = zeros(1);   % 概率
    % 匹配概率
    p = zeros(1,256);
    for i = 1:m
        for j = 1:n
            p(I(i,j)+1) = p(I(i,j)+1)+1;
        end
    end
    % 删除未出现的编码
    num = 1;   % 计数
    for k = 1:256
        if (p(k)~=0)
            sym(num) = k-1;
            prob(num) = p(k);
            num = num+1;
        end
    end
    prob = prob./(m*n);   % 概率
end
% 将符号和区间组成表，区间由概率取得
function dict = arithmeticdict(sym,prob)
    plast = 0;
    dict = cell(length(sym),2);   % 编码表
    for i = 1:length(sym)
        dict{i,1} = sym(i);
        dict{i,2} = [plast plast+prob(i)];
        plast = plast+prob(i);
    end
end
% 编码
function enco = arithmeticenco(sig,dict)
    hight = 1;
    low = 0;
```

```
    for i = 1:length(sig)
        for j = 1:length(dict)
            if (sig(i) == dict{j,1})
                range = hight-low;
                hight = low+range*dict{j,2}(2);
                low = low+range*dict{j,2}(1);
            end
        end
    end
    enco = [low hight];
end
% 解码
function dsing = arithmeticdeco(enco,dict,m,n)
    dsing = (-1);
    for p = 1:(m*n)
        for i = 1:length(dict)
            if (enco >= dict{i,2}(1) && enco < dict{i,2}(2))
                dsing = [dsing, dict{i,1}];
                range = dict{i,2}(2)-dict{i,2}(1);
                enco = (enco-dict{i,2}(1))/range;
                break;
            end
        end
    end
    dsing(dsing= =-1) = [];
    dsing = dsing';
end
```

（3）行程长度编码的 MATLAB 实现。

在数据压缩中，一个常用的途径是行程长度压缩。对于一个待压缩的字符串，我们可以依次记录每个字符及其重复的次数。这种压缩对于相邻数据重复较多的情况比较有效。例如，如果待压缩串为"AAABBBBCBB"，则压缩的结果是(A,3)(B,4)(C,1)(B,2)。当然，如果相邻字符重复情况较少，则压缩效率就较低。

这种压缩方法同样适用于部分图像数据。图像行程长度编码的基本思想是：将一行（或一列）中颜色值相同的相邻像素用一个计数值和该颜色值代替。如果一幅图像是由很多块颜色相同的大面积区域组成的，那么采用行程长度编码的压缩效率是惊人的。然而，该算法也有一个致命的弱点，即如果图像中每两个相邻点的颜色都不同，那么用这种算法不但不能压缩，数据量反而会增加为原来的 2 倍。

图像的行程长度编码是有适用范围的。行程长度编码对自然图像来说是不太可行的，因为自然图像像素点错综复杂，同色像素连续性差，如果非要用行程长度编码方法来编码，就会适得其反，图像体积不但没减小，反而会加倍。鉴于计算机桌面图像的色块大，同色像素点连续较多，因此，行程长度编码对计算机桌面图像来说是一种较好的编码方法。行程长度编码算法的特点是算法简单、无损压缩、运行速度快、消耗资源少等。

【例 7.3】基于 MATLAB 编程，在窗口中打开一幅图像，对其进行行程长度编码。

【实例分析】行程长度编码首先计算符号连续重复出现的次数，再使用该符号的值及其计数值进行编码。由结果可见，该算法可将大面积连续出现的相同颜色的部分高效压缩。实践中该算法也适用于此类图像。

源代码：

```matlab
[filename, filepath]=uigetfile({'*.jpg;*.ppm; jpeg *.;*.bmp;*.png'},'open a picture');
if isequal(filename,0) || isequal(filepath,0)
    disp('User pressed cancel')
    return
else
    fullfp=fullfile(filepath, filename);
end
I=imread(fullfp);
IGRAY=rgb2gray(I);%转换成灰度图像
subplot(1,2,1);
imshow(IGRAY,[]);
title('原始图像');
[m, n]=size(IGRAY);
c=IGRAY(1,1);
RLEcode(1,1:3)=[1 1 c];%数组元素为[行程起始行坐标\行程列坐标\灰度值]
t=2;
for k=1:m %矩阵 RLEcode 存储编码后的图像信息
    for j=1:n
        if(not(and(k==1,j==1)))
            if(not(IGRAY(k,j)==c))
                RLEcode(t,1:3)=[k j IGRAY(k,j)];
                c=IGRAY(k,j);
                t=t+1;
            end
        end
    end
end
```

7.3 有限失真图像压缩编码

有限失真压缩也称为有损压缩，是一种在一定比特率下获得最佳保真度或在给定的保真度下获得最小比特率的压缩方法。图像经过有限失真压缩编码后，无法完全恢复出原始图像，信息有一定的丢失，压缩过程是不可逆的。

有限失真图像压缩编码利用人对图像或声波中的某些频率成分不敏感的特性，允许压缩过程中损失一定的信息，虽然不能完全恢复原始数据，但是换来了大得多的压缩比。

这种编码技术广泛应用于语音、图像和视频数据的压缩，常见的压缩方法有预测编码、变换编码、PCM（脉冲编码调制）、插值和外推法、统计编码、矢量量化和子带编码等，其中，预测编码和变换编码较为常见。

7.3.1 预测编码

预测编码（Predictive Coding）根据"过去"时刻的像素值，运用一种模型预测当前的像素值。预测编码通常不直接对信号编码，而是对预测误差进行编码。

预测编码是数据压缩理论的一个重要分支，其模型可由图 7.4 表示。根据离散信号之间存在一定相关性的特点，利用前面的一个或多个信号对下一个信号进行预测，然后对实际值和预测值的差（预测误差）进行编码。如果预测比较准确，那么误差信号就会很小，就可以用较少的码位进行编码，以达到数据压缩的目的。预测编码的基本思想是通过仅提取每个像素中的新信息并对它们编码来消除像素间的冗余。

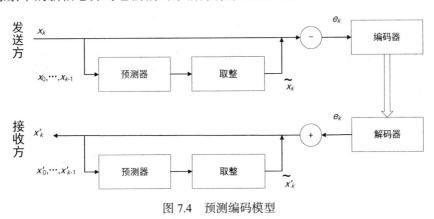

图 7.4 预测编码模型

预测编码的原理是：对于图像的一个像素的离散幅度的真实值，利用其相邻像素的相关性预测下一个像素的可能值，再求两者之差，对这种具有预测性质的差值进行量化、编码，就可以达到压缩的目的。

预测编码的本质是基于图像数据的空间或时间冗余特性，用相邻已知像素（或像素块）预测当前像素（或像素块）的值，然后对预测误差进行量化和编码，可分为帧内预测和帧间预测。常用的预测编码方法有差分预测（DPCM）编码和运动补偿预测编码法。

这里以 DPCM 编码为例进行介绍。

DPCM 编码是一种线性预测编码，用已经过去的抽样值预测当前的抽样值，对它们的差值进行编码。

DPCM 编码是对模拟信号幅度抽样的差值进行量化和编码的调制方式，该技术最早应用于模拟信号的数字通信中。

DPCM 编码可以提高编码频率，但应用于图像信号时，由于信号具有瞬时斜率比较大的特点，故采用综合了增量调制和脉冲编码调制两者特点的调制方法进行编码，简称为脉码增量调制，或者称差值脉码调制。在编码侧，根据紧前的 P 个值生成第 k 个预测值的计算公式，如式（7.15）所示；再通过式（7.16），可得到第 k 个误差值 e_k，并对 e_k 进行编码。在解码侧，紧前的 P 个重建值生成第 k 个预测值的计算公式，如式（7.17）所示；再通过式（7.18），计算第 k 个重建值。

$$\tilde{x}_k = \sum_{i=1}^{P} a_i \times x_{k-i} \tag{7.15}$$

$$e_k = x_k - \tilde{x}_k \tag{7.16}$$

$$\tilde{x}'_k = \sum_{i=1}^{P} a_i \times x'_{k-i} \tag{7.17}$$

$$x'_k = \tilde{x}'_k + e_k \tag{7.18}$$

图 7.5 为 DPCM 编码典型效果图。

（a）原始图像　　　　　　　　　（b）编码图像　　　　　　　　　（c）残差图像

图 7.5　DPCM 编码典型效果图

7.3.2　变换编码

变换编码通常是将空域上的图像经过正交变换映射到另一变换域上，使变换后图像的大部分能量只集中在少数几个变换系数上，减弱了变换后系数之间的相关性，采用适当的量化和熵编码有效地压缩图像。图像变换本身并不能压缩数据。通常采用的变换有离散傅里叶变换（DFT）、离散余弦变换（DCT）和离散小波变换（DWT）等。

变换是变换编码的核心。理论上，最理想的变换应使信号在变换域中的样本相互统计独立。实际上，一般不可能找到能产生统计独立样本的可逆变换，人们只能要求信号在变换域中的样本相互线性无关，满足这一要求的变换称为最佳变换。霍特林变换是符合这一要求的一种线性正交变换，并将其性能作为一种标准，用以比较其他变换的性能。霍特林变换中的基函数是由信号的相关函数决定的。对于平稳过程，当变换的区间 T 趋于无穷时，其函数趋于复指数函数。

变换编码中实用的变换不但希望能有最佳变换的性能，而且要有快速的算法。而霍特林变换不存在快速算法，因此，在实际的变换编码中，不得不大量使用各种性能上接近最佳变换，同时有快速算法的正交变换。正交变换可分为非正弦类和正弦类。非正弦类变换以沃尔什变换、哈尔变换、斜变换等为代表，优点是实现时计算量小，但它们的基矢量很少能反映物理信号的机理和结构本质，变换的效果不甚理想。而正弦类变换以离散傅里叶变换、离散正弦变换、离散余弦变换等为代表，最大的优点是具有趋于最佳变换的渐近性质。例如，离散正弦变换和离散余弦变换已被证明是在一阶马氏过程下霍特林变换的几种特例。由于这一原因，正弦类变换已日益受到人们的重视。

变换编码虽然实现时比较复杂，但在分组编码中还是比较简单的，因此，在语音和图像信号的压缩中都有应用。国际上已经提出的静止图像压缩和动态图像压缩的标准中都使用了离散余弦变换编码技术。

7.4　JPEG 压缩

JPEG 标准是由 ISO/IEC 和 ITU-T 的联合图像专家组（Joint Photographic Experts Group）制定的，该专家组的任务是选择一种高性能的通用连续色调静止图像压缩编码技术。

7.4.1　JPEG 标准

JPEG 标准根据不同应用场合对图像的压缩要求定义了 3 种不同的编码系统。

（1）有损基本编码系统。有损基本编码系统以离散余弦变换为基础，并且足够应付大多数压缩应用。

（2）扩展的编码系统。扩展的编码系统面向的是更大规模的压缩、更高的精确性或逐渐递增的重构应用系统。

（3）面向可逆压缩的无损独立编码系统。

所有符合 JPEG 标准的编/解码器都必须支持有损基本编码系统，而其他系统则作为不同应用目的的选择项。

JPEG 有损基本编码系统提供顺序建立方式的高效有限失真图像编码，输入图像的精度为每像素 8 比特，而量化的离散余弦变换值限制为 11 比特。JPEG 有损基本编码系统的编码过程框图如图 7.6 所示。

图 7.6　JPEG 有损基本编码系统的编码过程框图

JPEG 有损基本编码系统的编码过程分为 5 步。

（1）构造 8×8 的子图像块，颜色模型由 RGB 向 YC_bC_r 转换。

图像首先被细分为互不重叠的 8×8 的子图像块，然后对这些像素块进行从左到右、从上到下的处理。

因此，为了实现图像中处理亮度信号与色度信号的分离，需要进行从 RGB 颜色模型到 YC_bC_r 颜色模型的转换。其中，Y、C_b、C_r 3 个分量的计算公式如式（7.19）所示，式中 Y'、P_b、P_r 的计算公式如式（7.20）所示：

$$\begin{cases} Y = 219 \times Y' + 16 \\ C_b = 224 \times P_b + 128 \\ C_r = 224 \times P_r + 128 \end{cases} \tag{7.19}$$

$$\begin{cases} Y' = 0.299 \times R + 0.587 \times G + 0.114 \times B \\ P_b = -0.1687 \times R - 0.3313 \times G + 0.500 \times B \\ P_r = 0.500 \times R - 0.4187 \times G - 0.0813 \times B \end{cases} \tag{7.20}$$

式中，R、G、B 的值是经过伽马校正的 3 个色彩分量。

（2）零偏置转换。

在进行离散余弦变换前，需要对每个 8×8 的子图像块进行零偏置转换处理。对于灰度级为 2^n 的 8×8 子图像块，通过减去 2^{n-1} 对 64 像素进行灰度层次移动。例如，对于灰度级为 2^{11} 的图像块，就是要将 0 到 2047 的值域通过减去 1024 转换为值域在 −1024 到 1023 的值。这样做的目的是大大减小像素绝对值出现 4 位十进制数的概率，提高计算效率。

（3）离散余弦变换。

8×8 子图像块的离散余弦变换公式定义，以及其中 $C(u)$ 和 $C(v)$ 的取值如下：

$$F(u,v) = \frac{1}{4} C(u)C(v) \sum_{x=0}^{7} \sum_{y=0}^{7} f(x,y) \times \cos\frac{(2x+1)u\pi}{16} \times \cos\frac{(2y+1)v\pi}{16} \tag{7.21}$$

$$C(u)\ (\text{或}C(v)) = \begin{cases} \dfrac{1}{\sqrt{2}}, & u\ (\text{或}v) = 0 \\ 1, & u\ (\text{或}v) = 1,2,\cdots,7 \end{cases} \tag{7.22}$$

位于原点的离散余弦变换系数值和子图像的平均灰度是成正比的。因此，把 $F(0,0)$［见式（7.23）］系数称为直流系数，即 DC 系数，代表该子图像的平均亮度；将其余 63 个系数称为交流系数，即 AC 系数。

$$F(0,0) = \frac{1}{8} \sum_{x=0}^{7} \sum_{y=0}^{7} f(x,y) = 8 \times \bar{f}(x,y) \tag{7.23}$$

（4）量化。

在 JPEG 有损基本编码系统中，量化过程是对系数值的量化间距划分后的简单归整运算，量化系数取决于一个"视觉阈值矩阵"，它随系数的位置而改变，并且随着亮度和色差分量的不同而不同。表 7.1 和表 7.2 分别用于亮度和色差分量量化，查表可求得对应分量量化系数，它们是由视觉心理实验得到的。之所以用两张量化表，是因为亮度分量比色差分量更重要，所以对亮度采用细量化，对色差采用粗量化。量化表左上角的值较小，右下角的值较大，这就达到了保持低频分量、抑制高频分量的目的。

表 7.1　亮度分量量化表

v	u							
	0	1	2	3	4	5	6	7
0	16	11	10	16	24	40	51	61
1	12	12	14	19	26	58	60	55
2	14	13	16	24	40	57	69	56
3	14	17	22	29	51	87	80	62
4	18	22	37	56	68	109	103	77
5	24	35	55	64	81	104	113	92
6	49	64	78	87	103	121	120	101
7	72	92	95	98	112	100	103	99

表 7.2　色差分量量化表

v	u							
	0	1	2	3	4	5	6	7
0	17	18	24	47	99	99	99	99
1	18	21	26	66	99	99	99	99
2	24	26	56	99	99	99	99	99
3	47	66	99	99	99	99	99	99
4	99	99	99	99	99	99	99	99
5	99	99	99	99	99	99	99	99
6	99	99	99	99	99	99	99	99
7	99	99	99	99	99	99	99	99

量化的具体计算公式如下：

$$S_q(u,v) = \text{round}\left(\frac{F(u,v)}{Q(u,v)}\right) \tag{7.24}$$

式中，$S_q(u,v)$ 为量化后的结果；$F(u,v)$ 为离散余弦变换系数；$Q(u,v)$ 是量化系数矩阵，可以通过查表 7.1 和表 7.2 获得，还要对结果进行四舍五入取整。

（5）熵编码。

JPEG 有损基本编码系统使用霍夫曼编码对离散余弦变换量化系数进行熵编码，以进一步压缩码率。

DC 系数编码：DC 系数反映一个 8×8 子图像块的平均亮度，一般与相邻块有较强的相关性。JPEG 对 DC 系数进行 DPCM 编码，即用前面子图像块的 DC 系数作为当前子图像块的 DC 系数预测值，再对当前子图像块的 DC 系数实际值与预测值的差值 DIFF 做霍夫曼编码。若为每个 DIFF 赋予一个码字，则码表会过于庞大。因此，JPEG 对码表进行简化，采用"前缀码（SSSS）+尾码"的形式表示。

7.4.2　JPEG 2000

JPEG 2000 是基于小波变换的图像压缩标准，与 JPEG 一样，它由联合图像专家组（Joint Photographic Experts Group）创建和维护。JPEG 2000 通常被认为是未来取代 JPEG 的下一代图像压缩标准。

JPEG 2000 编码系统结构框图如图 7.7 所示，其基于的基本思路与 JPEG 一样：消除图像中像素相关性的变换系数后，可以比原始像素本身更有效地进行编码。在 JPEG 2000 标准下，若变换的基本函数是小波，则把大部分重要的视觉信息打包到少数系数中；对于剩下的系数，可以粗糙地进行量化，或者删除为 0，只会产生很小的图像失真。

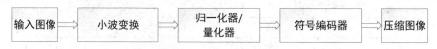

图 7.7　JPEG 2000 编码系统结构框图

与原始 JPEG 标准一样，JPEG 2000 编码处理之前，通过减去 2^{n-1} 对 64 像素进行灰度层次移动，其中，2^n 是图像中灰度级的数目。然后，可以计算图像的行和列的一维离散小波变换。对于无损压缩，使用的变换是双正交变换，使用 5/3 系数尺度的小波向量。在有损应用中，使用 9/7 系数尺度的小波向量。在任何一种情况下，从最初的 4 个子带的分解中得到图像的低分辨率近似图，以及图像的水平、垂直和对角线频率特征。

将这个分解步骤重复 N_L 次，将后续迭代严格限制到预先确定的分解近似系数，产生 N_L 尺度的小波变换。一般地，N_L 尺度变换包括 $3N_L+1$ 个子带（见图 7.8）。在计算 N_L 尺度的小波变换之后，变换系数的总数等于原始图像中样本的数目，但是重要的视觉信息被集中在很少的几个系数中。

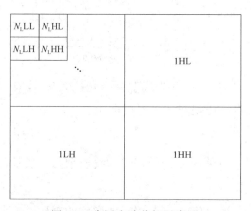

图 7.8　多层小波分解示意图

对分解后的结果执行以下几步：对小波系数进行量化并组成矩形编码块（Code-Block）；对在编码块中的系数进行"位平面"熵编码；为使码流具有容错性，在码流中添加相应的标识符（Maker）；使用可选的文件格式描述图像及其各成分的意义。

JPEG 2000 不仅提供了比 JPEG 有损基本编码系统更高的压缩效率，还提供了一种对图像的新的描述方法，可以用单一码流提供适应多种应用的性能。

JPEG 2000 与 JPEG 有损基本编码系统相比具有众多优点，如高压缩率、支持无损压缩和有损压缩两种方式、渐进传输感兴趣区域压缩、码流的随机访问和处理、容错性、开放的框架结构、基于内容的描述等。

7.5　动态图像压缩

图像按内容的变化性质划分，可分为静态图像和动态图像（也称序列图像或视频）。动态图像是一组图像在时间轴上的有序排列，是二维图像在一维时间轴上构成的图像序列。

7.5.1　动态图像压缩技术标准

动态图像（视频）源自许多按时间序列构成的连续图像，每幅图像称为一帧，帧图像是视频信号的基础。每帧图像在内容上的不同使得整个图像序列看起来具有连续渐变的动态效果。视频图像的数据中存在大量冗余信息，包括时间冗余、空间冗余、结构冗余、视觉冗余和知识冗余，正是因为这些冗余信息的存在，使得视频能够被压缩。

制定视频编码标准的两大组织分别是 ITU-T(国际电信联盟电信标准分局)和 ISO/IEC(国际标准化组织/国际电工委员会)。ITU-T 标准包括 H.261、H.263、H.264、H.265、H.266，主要应用于实时视频通信领域，如会议电视。ISO/IEC 制定的视频标准包括 MPEG-1、MPEG-2、MPEG-4 和 MPEG-5 系列标准，主要应用于视频存储、数字电视、网络流媒体等。

（1）H 系列标准。

H 系列标准的研究起始于 20 世纪 80 年代初，ITU-T 的前身 CCITT（国际电报电话咨询委员会）对会议电视提出了 H.120 建议，定义了 625 行、50 场、2Mbit/s 和 525 行、60 场、1.5Mbit/s 两个制式区域。

ITU-T 在 1990 年通过了 H.261 编码标准。H.261 是一个典型的混合编码系统，包括去除时域相关性的运动补偿和去除空间相关性的变换编码，成为后续标准的基本架构。

H.263 编码标准于 1996 年通过，采用混合编码结构，拥有比 H.261 更高的编码效率，能够在更低码率下保证解码图像的质量。

H.264 编码标准于 2003 年 3 月正式发布，2005 年又开发出了 H.264 的更高级应用标准 MVC 和 SVC 版本。H.264 采用混合编码结构，与 H.263 相同，它也采用离散余弦变换编码和 DPCM 编码的混合编码结构，还增加了诸如多模式运动估计、帧内预测、多帧预测、基于内容的变长编码、4×4（单位为像素）子宏块二维整数变换等新的编码方式，提高了编码效率。另外，H.264 的编码选项较少，在 H.263 中编码时，往往需要设置相当多的选项，增加了编码的难度，而 H.264 做到了力求简洁的"回归基本"，降低了编码时的复杂度。

H.265 编码标准于 2013 年通过，旨在在有限带宽下传输更高质量的网络视频。H.265 的帧内预测模式支持 33 种方向（H.264 只支持 8 种），并且提供了更好的运动补偿处理和矢量预测方法。另外，H.265 还提供了更多不同的工具来降低码率，以编码单位来说，H.264 中每个宏块大小都是固定的 16×16（单位为像素），而 H.265 的编码单位可以选择从最小的 8×8（单位为像素）到最大的 64×64（单位为像素）。与 H.264 编码标准相比较，它仅需原先的一半带宽即可播放相同质量的视频。通过主观视觉测试得出的数据显示，在码率降低 51%～74% 的情况下，H.265 编码视频的质量还能与 H.264 编码视频的质量近似甚至更好，从本质上说是比预期的信噪比（PSNR）要好。H.265 标准同时支持 4K 分辨率（4096×2160，单位为像素）和 8K 分辨率（8192×4320，单位为像素）超高清视频。

（2）MPEG 系列标准。

MPEG（Moving Picture Experts Group，动态图像专家组）是 ISO（International Standardization Organization，国际标准化组织）与 IEC（International Electrotechnical Commission，国际电工委员会）于 1988 年成立的专门针对运动图像和语音压缩制定国际标准的组织。

MPEG-1 标准于 1992 年正式出版，其规定码率约为 1.5Mbit/s，主要用于数字存储媒体活动图像及其伴音的编码。MPEG-1 主要解决多媒体的存储问题，它的成功制定，使得以 VCD 和 MP3 为代表的 MPEG-1 产品迅速在世界范围内普及。

MPEG-2 标准于 1994 年公布，计划囊括数字电视、图像通信各领域的编码标准。MPEG-2 按压缩比的不同分成 5 个档次，每个档次又按图像清晰度的不同分成 4 种图像格式（或称为级别）。

MPEG-4 在 1998 年被 ISO/IEC 批准为正式标准。它不仅针对一定比特率下的视频、音频编码，还更加注重多媒体系统的交互性和灵活性。这个标准主要应用于视像电话、视像电子邮件等，对传输速率要求较低，为 4800～6400bit/s，分辨率为 176×144（单位为像素）。MPEG-4 利用很窄的带宽，通过帧重建技术、数据压缩，以求用最少的数据获得最佳的图像质量。利用 MPEG-4 的高压缩率和高图像还原质量，可以把 DVD 里面的 MPEG-2 视频文件转换为体积更小的视频文件。经过这样的处理，图像的视频质量下降不大，但体积可缩小几倍，可以很方便地用 CD-ROM 来保存 DVD 上面的节目。在 MPEG-4 标准中，后续定稿的 MPEG-4 Part 10（MPEG-4 AVC，高级视频编码），已经完全与 H.264 标准合并，在技术特性上，比属于 MPEG-4 Part 2 的 XviD 编码系统更先进。

需要说明的是，MPEG 组织在推出 MPEG-4 编码标准后，又分别推出了 MPEG-7 和 MPEG-21 两个概念，但它们都不是真正意义上的编码标准。MPEG-7（它的由来是 1+2+4=7）的正规名字叫作"多媒体内容描述接口"，目的是生成一种用来描述多媒体内容的标准，这个标准将对信息含义的解释提供一定的自由度，可以传送给设备和计算机程序，或者被设备或计算机程序查取。MPEG-21 的正式名称是"多媒体框架"或"数字视听框架"，它以将标准集成起来支持协调的技术来管理多媒体商务为目标，目的就是理解如何将不同的技术和标准结合在一起需要什么新的标准及完成不同标准的结合工作。真正的 MPEG-4 的下一代编码标准是在 2013 年推出的 MPEG-H 标准。MPEG-H 包含了 1 个数字容器标准、1 个视频压缩标准、1 个音频压缩标准和 2 个一致性测试标准。这组标准的正式名称是 ISO/IEC 23008 Information Technology——High efficiency coding and media delivery in heterogeneous environments，其中涉及高效率视频编码部分，即 MPEG-H Part 2(HEVC)，已经完全与 H.265 标准合并。

2020 年，ISO 宣布 MPEG-5 EVC 编码标准正式定稿。MPEG-5 EVC 有 Layer1（基本模式）和 Layer2（主模式）两个层级，Layer1 免授权费，而 Layer2 则包含所有的技术组件并支持单独开闭，至少 120 帧、10 位精度。MPEG-5 EVC 在 Layer2 下拥有和 H.265 相同的视频质量，但平均比特率降低了 26%；Layer1 相较于 H.264，平均比特率降低了 31%，解码时间缩短了 60%。

7.5.2　视频压缩方法

视频图像压缩分为帧内压缩方法和帧间压缩方法，其中，帧内压缩方法可参考静态图像压缩技术。这里主要以 MPEG-4 标准为例，介绍帧间压缩用到的形状编码和运动估计/运动补偿技术。

（1）形状编码。

编码的形状信息有两种：二值形状信息（Binary Shape Information）和灰度级形状信息（Grey Scale Shape Information）。二值形状信息用 0、1 的方式表示编码 VOP 形状，0 表示非 VOP 区域，1 表示 VOP 区域；灰度级形状信息可取值 0~255，0 表示非 VOP 区域（透明区域），1~255 表示透明度不同的区域，255 表示完全不透明。灰度级形状信息的引入主要是为了使前景物体叠加到背景上时，边界不至于太明显、生硬，进行模糊处理。MPEG-4 采用位图法表示这两种形状信息。VOP 被一个"边框"框住。

（2）运动估计/运动补偿。

动态图像的画面可分为 3 种类型。其中，第 1 种是场景更换后的第 1 帧画面，是一种独立的画面，这种画面采用较高清晰度的逐点取样法进行传送，称为 I 画面（内码帧或称帧内编码帧）。该画面信息是由自身画面决定的，不必参考其他画面。该画面的数据代表了活动图像的主体内容和背景内容，是电视画面的基础。第 2 种画面是与 I 画面相隔一定时间、活动图像主体位置在同一背景上且已发生明显变化的画面，称为 P 画面（预测帧或称前向预测编码帧）。该画面用前面的 I 画面作为参考画面，不传送背景等重复性信息，仅传送主体变化的差值，这就省略了一部分细节信息，而在重放时则依靠帧存储器将 I 画面的主要部分和 P 画面的差值进行运算，即可得出新画面的完整内容。它是既有背景，又有实时运动主体状态的实际画面。第 3 种画面的情况与 P 画面相似，用来传送在 I、P 画面之间的画面，称 B 画面（双向预测帧或称双向预测内插编码帧）。该画面仅反映在 I、P 画面之间的运动主体的变化情况，并用位移矢量（或称运动矢量等）表示画面主体移动情况，信息量更少。因为在重放它时，既要参考 I 画面内容，又要参考 P 画面内容，所以称为双向预测帧。

将一串连续相关的画面分为 I、P、B 画面后，传输信息量明显减少。在 P、B 画面中，几乎不传送反映实物的像素，仅传送其主体移动的差值，具体的处理方法是采用区块对比的方法，在两个变化的画面当中，将区块或宏块作为处理单元，将一个画面的宏块、区块与参与画面中邻近范围内的宏块、区块进行数值运算对比，寻找与该块最相近、误差最小的区块；找到近似的区块后，记录该区块在两个画面中的位移值（位移矢量），以及反映两个画面的差值量。若位移矢量的坐标变化为 0，则说明该区块没有移动，如相同的背景景物；若位移矢量值有变化，而区块差值为 0，则说明景物有移动，而形状没有变化，如飞行中的球类和奔驰的车辆等。可见，位移矢量和区块差值可在重放时依靠参考画面得出新画面的完整场景，而在传送时则省略了背景和主体内容，只传送代表位移矢量和区块差值的少量数据，使图像得到较大压缩。

7.6 课程思政

针对本章的学习内容，下面介绍关于课程思政的案例设计。

针对 AVS 视频编码标准的案例。

思政案例：AVS 视频编码标准是我国具有自主知识产权的数字音/视频压缩、解压缩行业标准，包括系统、视频、音频、数字版权管理 4 个主要技术标准和符合性测试等支撑标准。

AVS 视频编码标准采用传统的基于预测变换的编码框架，可以分为预测、变换、熵编码和环路滤波 4 个主要模块。

预测模块利用信号间的相关性，用前面一个或多个信号作为当前信号的预测值，对当前信号的实际值与预测值的差值进行编码。预测又分为帧内预测和帧间预测，分别用于消除空域冗余和时域冗余。

在整体变换和量化模块中，AVS 视频标准选择的是 8×8（单位为像素）整体变化，整体变化相较于传统的浮点离散余弦变换，具有计算复杂度低和编、解码完全匹配的优点。

熵编码模块基于上下文的自适应变长编码器对变换、量化后的预测残差进行编码，目标是去除在信息表达上的冗余，也称为信息熵冗余或编码冗余。

在环路滤波模块中，AVS 视频标准定义了自适应环路滤波器来消除方块效应，改善重建图像的主观质量。环路滤波以 8×8（单位为像素）的宏块为单位，按照光栅扫描顺序依次处理。每个宏块分别对亮度及色度进行环路滤波，首先从左到右对垂直边界滤波，然后从上到下对水平边界滤波。

AVS 编码效率相比于 MPEG-2 标准提高了 2～3 倍；相比于 H.264 标准，效率相当，但是其算法复杂度和实现成本均低于 H.264。

为加快自主创新 AVS 标准产业化和推广应用，工业和信息化部与国家新闻出版广电总局于 2012 年初共同成立了 AVS 技术应用联合推进工作组。经过多年的努力，AVS+标准（AVS 的优化标准）的相关技术和产品日趋完备、成熟，基本形成了从芯片、前端设备、接收终端到应用系统的完整产业链。

本章小结

本章从图像信息量与信息熵入手，主要概述了以下几方面的内容。

1．图像的信息冗余

相邻像素之间、相邻行之间、相邻帧之间都存在较强的相关性。利用某种编码方法在一定程度上消除这些相关性，便可实现图像信息的数据压缩。

2．无失真图像压缩编码

无失真图像压缩编码利用图像数据的统计冗余进行压缩，可完全恢复原始数据而不引起任何失真，信息没有任何丢失，压缩过程是可逆的。

3．有限失真图像压缩编码

有限失真图像压缩编码利用人对图像或声波中的某些频率成分不敏感的特性，允许在压缩过程中损失一定的信息，虽然不能完全恢复原始数据，但是换来了大得多的压缩比。

4．静态图像压缩编码标准

JPEG 标准和 JPEG 2000 标准都是由 ISO/IEC 和 ITU-T 的联合图像专家组制定的，目的是提出一种高性能的通用连续色调静止图像压缩编码技术。

5．动态图像压缩编码标准

H.261、H.263、H.264、H.265、H.266 系列标准主要应用于实时视频通信领域，如会议电视；MPEG-1、MPEG-2、MPEG-4 和 MPEG-5 系列标准主要应用于视频存储、数字电视、网络流媒体等。

练习七

一、填空题

1. 图像熵是一种特征的统计形式，反映了图像中平均_____的多少。图像的一维熵能表示图像灰度分布的聚集特征，却不能反映图像灰度分布的_____特征。

2. 图像在编码后，能够经解码完全恢复为原始图像的称为_____图像压缩编码；不能恢复为原始图像的称为_____图像压缩编码。

3. 变长编码的基本思想是用尽可能少的比特数表示出现概率尽可能大的_____，以实现数据的压缩编码。由于利用这些编码方法得到的_____长度是不相等的，所以称为变长编码。

4. 预测编码用相邻已知像素块预测当前像素块的值，然后对_____进行量化和编码。

5. 在帧内预测模式方面，H.264 协议只支持 8 种方向，而 H.265 协议支持_____种方向。

二、选择题

1. 如果图像中平均每个像素使用的比特数大于该图像的信息熵，则图像中存在（   ）。

A．编码冗余　　　　B．空间冗余　　　　C．时间冗余　　　　D．知识冗余

2. 所有符合 JPEG 标准的编/解码器都必须支持有损基本编码系统。JPEG 有损基本编码系统提供顺序建立方式的高效（   ）编码。

A．无失真　　　　B．有限失真　　　　C．统计　　　　D．算术

3. JPEG 2000 是基于（   ）的图像压缩标准。

A．霍夫变换　　　B．离散余弦变换　　　C．短时傅里叶变换　　　D．小波变换

4. 下面哪一个不是真正意义上的视频编码标准（   ）。

A．MPEG-1　　　　B．MPEG-4　　　　C．MPEG-21　　　　D．MPEG-H

三、程序题

1. 对原始图像 A.bmp 实现费诺编码。

2．设信源为字符序列[12324]，编写程序计算：如果对其进行算术编码，那么最终整个字符序列对应的实数区间宽度是多少？

四、简答题

1．图像信息冗余有哪些种类？

2．简述费诺编码的基本原理。

3．简述预测编码的基本原理。

4．JPEG 2000 标准相较于 JPEG 标准有哪些优点？

5．常用的视频压缩编码标准有哪些？

第 8 章　数字图像处理的工程应用

本章导读

前面提到，数字图像处理技术的应用已经渗透到生物医学、工业工程、航天航空、通信工程、军事、公共安全等各个领域，在国计民生及国民经济中发挥着越来越大的作用。本章主要介绍数字图像处理在工程应用中的几个案例。至于如何优化数字图像处理算法以达到实际工程应用的要求，需要学生在后续学习和实践中进一步探索。

本章要点

- 数字图像处理在医学中的应用。
- 数字图像处理在雾霾场景下的图像去雾中的应用。
- 数字图像处理在人脸图像去模糊中的应用。

8.1　医学图像处理平台的设计

MATLAB 提供了一种图形用户界面（Graphical User Interface，GUI）设计工具，以便于用户实现人机交互式界面设计。为了方便人机交互式界面设计的开发，MATLAB 还提供了一个高效的集成开发环境 GUIDE。GUIDE 是由窗口、光标、按钮、菜单、文本、对话框等多种对象构成的一个界面设计工具集。所有 GUI 支持的控件都集成在该环境中，可对界面外观、属性和行为响应方式等进行设置。GUIDE 将设计好的界面布局保存在一个带有扩展名 fig 的文件中，同时生成 M 文件框架。在此基础上可以进行程序设计，以实现特定的功能。FIG 文件中包含所有函数的 GUI 对象及其空间排列的描述，并且包含所有对象的属性值。M 文件中包含 GUI 控制函数及定义为子函数的用户控件回调函数，主要用于控制 GUI 的操作。

本节介绍如何利用 MATLAB GUI 搭建具有交互性的图像处理平台，用于数字医学图像的可视化处理。

8.1.1　GUIDE 基本操作

1.　GUI 设计工具的启动

MATLAB 提供了 3 种 GUI 设计工具的启动方式。

- 命令方式：在命令窗口中输入命令 guide 后按 Enter 键。
- 菜单方式：选择【文件】菜单下的【新建】选项，然后选择其中的【GUI】命令。
- 快捷方式：单击工作窗口上方工具栏中的快捷图标。

通过这 3 种方式均能访问如图 8.1 所示的 GUI 设计向导界面。在此界面中，有两个选项卡，默认情况用来创建新的 GUI，另外一种情况用来打开现有的 GUI 文件。

图 8.1　GUI 设计向导界面

MATLAB 为 GUI 设计提供了 4 种可选模板。

- Blank GUI（Default）：空白模板，用于进入空白的 GUI 设计界面。
- GUI with Uicontrols：带控件对象的 GUI 模板，进入的设计界面带有一些布局好的控件按钮。
- GUI with Axes and Menu：带坐标轴和菜单的 GUI 模板，提供了坐标区等布局好的控件。
- Modal Question Dialog：带问题对话框的 GUI 模板，用来制作问题提示对话框。

当用户选择不同的模板时，就会显示与该模板对应的 GUI 设计界面，其中，空白模板如图 8.2 所示，带有网格线的空白区域称为布局区。用户可以通过单击所需的图形界面组件，并拖动它的轮廓线，将其放置在布局区内，布局区就会显示出对应的 GUI 图形。每个组件均包含相关的回调函数，可以通过修改对应的 M 文件函数实现指定功能。

2.　GUI 组件

GUI 组件大致可分为两种，一种为动作组件，当用鼠标操作这种组件时，会产生相应的响应；另一种为静态组件，是一种不产生响应的组件。下面详细介绍各 GUI 组件的功能，图 8.3 给出了各组件对应的名称。

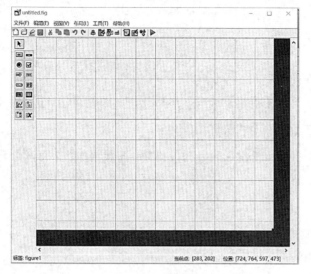

图 8.2　空白模板

图 8.3　GUI 组件

- 按钮：执行某种预定的功能或操作。

- 滑动条：可输入指定范围的数量值。

- 单选按钮：单选框，用来在两种状态之间切换。

- 复选框：单个复选框用来在两种状态之间切换，当由多个复选框组成一个复选框组时，可使用户在一组状态中做组合式选择，构成多选项。

- 可编辑文本：用来通过键盘输入数字或文字，可以对编辑框中的内容进行编辑、删除和替换等操作。

- 静态文本框：仅用于显示单行说明文字。

- 弹出式菜单：让用户可以从一列菜单项中选择一项作为参数输入。

- 列表框：在其中可定义一系列可供选择的字符串。

- 切换按钮：产生一个动作并指示一个二进制状态（开或关），当单击它时，按钮将下陷，并执行回调函数中指定的内容；再次单击，按钮复原，并再次执行回调函数中的内容。

- 表：产生带有网格的行列数据，和 Excel 数据的显示格式一样。

- 坐标区：用于显示图形和图像。

- 面板：用于将某个模块的功能按钮放在一起，实现整体分块的结构设计。当面板移动时，面板上的功能按钮将和面板一起移动，并且不会改变相对位置和相对大小。

- 按钮组：其中的单选按钮是互斥的，选择某一个单选按钮后，其他的单选按钮自动变成不可选状态。

- ActiveX 控件：供用户进行开发设计的控件，是对通用控件的扩充。

将组件对象（以坐标区为例）放置到如图 8.4 所示的布局区中，可通过属性检查器进行组件属性的查看和编辑修改，如图 8.5 所示。组件对象的属性基本上分为两类：第一类是所有组件对象都具有的公共属性，第二类是组件对象作为图形对象所具有的特有属性。关于 GUI 组件的具体属性内容，这里不再详述。

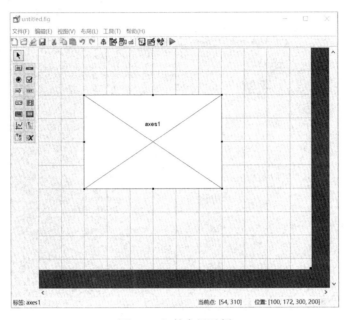

图 8.4　组件布局示例

图 8.5　属性检查器示例

选中并右击布局区内的任一组件，在弹出的快捷菜单中选择【查看回调】→【Callback】选项（见图 8.6），可弹出自动生成的 M 文件框架，通过程序设计，可赋予组件指定功能。若建立的布局需要进行存储，可利用【文件】菜单下的【另存为】选项，输入文件名称后，可在激活图形窗口的同时存储一对同名的 M 文件和带有 fig 扩展名的 FIG 文件。在命令窗口中直接键入文件名或用 openfig 命令运行 GUI 程序，即可执行相应的 GUI 功能。

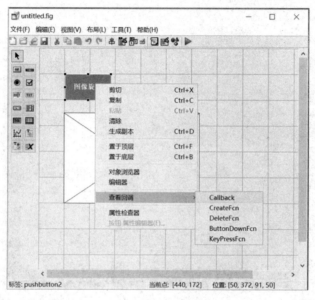

图 8.6　组件回调函数调用示例

3．编辑工具

菜单栏下方的工具栏提供了一些常用的编辑工具，允许用户分配和联合 GUI 组件、修改组件属性、在 GUI 中添加菜单等操作。

（1）位置调整工具。

位置调整工具用来调整组件对象的位置，使其对齐。选中多个组件对象后，通过选择【工具】菜单下的【对齐对象】选项，可以打开位置调整工具界面（见图 8.7），即可方便地调整对象间的对齐方式和距离。在此界面中，【纵向】选区用于设置垂直方向的位置，【横向】选区用于设置水平方向的位置。

（2）属性检查器。

属性检查器用于查看、设置和修改各组件对象的属性值。属性检查器的常用打开方式有：①在

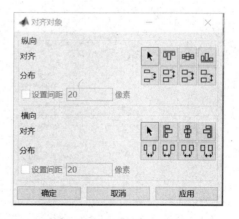

图 8.7　位置调整工具界面

工具栏中选择【属性检查器】命令按钮；②选择【视图】菜单下的【属性检查器】选项；③在组件对象上单击鼠标右键，在弹出的快捷菜单中选择【属性检查器】选项。

（3）菜单编辑器。

菜单编辑器用于创建、设置、修改下拉菜单和快捷菜单，如图 8.8 所示。菜单编辑器的上方有 8 个快捷键，用于添加或删除菜单。菜单编辑器的左下角有两个选项卡，选择【菜单栏】选项卡，可以创建下拉菜单；选择【上下文菜单】选项卡，可以创建快捷菜单，即选中对象后，在单击鼠标右键时显示的快捷菜单。菜单编辑器的右侧显示菜单的有关属性，可以在这里设置、修改菜单的属性，包括名称、标识、回调函数、是否显示分隔线、是否在菜单前加选中标记等。

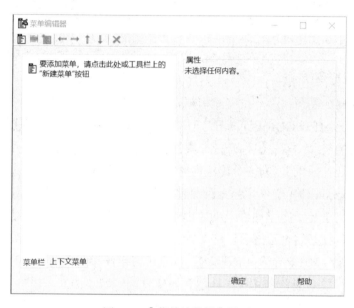

图 8.8　【菜单编辑器】界面

（4）对象浏览器。

对象浏览器用于获取当前 GUI 中的组件对象信息，包括组件的类型、名称和标识，如图 8.9 所示。对象浏览器的常用打开方式有：①在工具栏上选择【对象浏览器】命令按钮；②选择【视图】菜单下的【对象浏览器】选项；③在布局区单击鼠标右键，在弹出的快捷菜单中选择【对象浏览器】选项。

GUI 的优势在于能实现人与计算机等电子设备的人机交互。通过 GUI 的设计，可将晦涩难懂的计算机语言包装成简单易懂的图形，用户通过对图形的识别即可理解复杂的计算机语言背后所要表达的内容。这种图形化

图 8.9　【对象浏览器】界面

的操作方式具有很强的实用性，方便用户使用，能有效提高使用效率。

8.1.2 平台设计

医学图像自身具有复杂性、多样性，而外在的噪声、场偏移效应、局部体效应和组织运动又会对其产生影响，这些都给医学诊断和治疗带来了困难。医学图像信息的数字化和智能化处理可通过科学计算为诊疗提供直观、科学的依据，具有重要的研究价值。

下面介绍一个医学图像处理平台的设计案例。综合运用 GUI 设计、图像处理、图像分析等多种技术，基于 MATLAB GUI 开发设计一款简单的医学图像处理平台。平台主要分为五大模块：底层处理模块、加载噪声模块、图像去噪模块、图像分割模块和图像三维重建模块。这里主要从两方面介绍：一方面是基于 MATLAB GUI 的平台界面搭建，另一方面是平台的功能和各组件回调函数的设计。

1. 平台界面的搭建

平台界面布局如图 8.10 所示。下面详细介绍平台界面的搭建方法。首先在命令窗口中键入 guide 命令，打开 GUI 设计向导，创建空白模板。在模板布局区上方添加两个面板组件，设置合适的尺寸；双击组件，打开属性检查器，将【Title】属性分别修改为【原始图像】和【图像处理效果】，为了美化组件外观，可对【Foregroundcolor】（字体颜色）属性和【Backgroundcolor】（背景颜色）属性进行设置。在面板内部区域分别添加坐标区组件，调整尺寸，用于显示医学图像及其处理效果。在模板布局区下方添加 5 个面板组件，设置合适的尺寸，打开属性检查器，将【Title】属性分别修改为【底层处理】【加载噪声】【图像去噪】【图像分割】【图像三维重建】，然后设置字体颜色和背景颜色，用于分类布局医学图像处理的相关功能。在【底层处理】面板内部区域添加 5 个按钮组件，调整尺寸，打开属性检查器，修改【String】属性分别为【图像旋转】【亮度调节】【灰度化处理】【图像放大】【还原】，设置字体颜色和背景颜色。在【加载噪声】面板内部区域添加 3 个按钮组件，调整尺寸，打开属性检查器，修改【String】属性分别为【椒盐噪声】【高斯噪声】【乘性噪声】，设置字体颜色和背景颜色。在【图像去噪】面板内部区域添加 2 个按钮组件，调整尺寸，打开属性检查器，修改【String】属性分别为【中值滤波】【线性滤波】，设置字体颜色和背景颜色。在【图像分割】面板内部区域添加 2 个按钮组件，调整尺寸，打开属性检查器，修改【String】属性分别为【Sobel 算子】【Roberts 算子】，设置字体颜色和背景颜色。在【图像三维重建】面板内部区域添加 5 个按钮组件，调整尺寸，打开属性检查器，修改【String】属性分别为【Z 轴切片】【Y 轴切片】【三维重建】【二次逼近】【清空窗口】，设置字体颜色和背景颜色。

利用位置调整工具对齐各模块中的组件对象，整齐排列平台界面布局，单击工具栏中的【运行】按钮，将该布局保存为 MIDV.fig 文件后，即可打开如图 8.11 所示的医学图像处理平台界面。

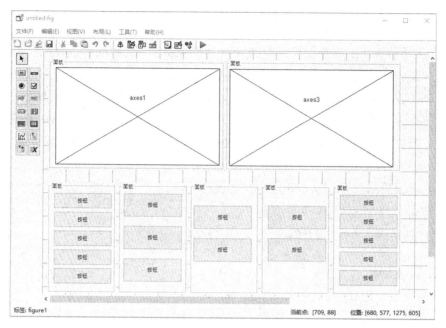

图 8.10　平台界面布局

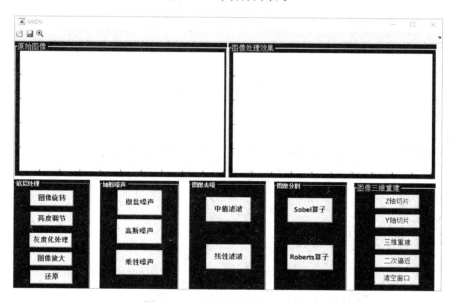

图 8.11　医学图像处理平台界面

2. 组件回调函数的设计

在如图 8.10 所示的平台界面中，选中并右击组件后，可以通过快捷菜单调用对应组件对象的回调函数框架，在框架模板下可编程设计特定的功能。下面依次介绍各模块中组件的功能及其回调函数的设计方法。

（1）底层处理模块。

底层处理模块集成了【图像旋转】【亮度调节】【灰度化处理】【图像放大】【还原】5

个功能按钮，以实现相应的图像变换功能。

【图像旋转】按钮的功能是将图像围绕其中心点进行一定角度的逆时针旋转，这里通过调用图像处理工具箱中的 imrotate 函数来实现。该函数在实现旋转处理时，有 3 种可选方法来计算图像像素的新坐标位置，即最近邻插值法、双线性插值法和三次卷积插值法，默认情况下采用的是最近邻插值法。选用不同的插值方法旋转后，效果会有细微的差别。通过旋转，图像与平台界面限定的坐标区产生重叠，重叠部分为旋转后图像，超出部分被裁剪，没被填充的部分被填充为黑色。单击【图像旋转】按钮，会弹出旋转角度设置对话框，进行合理设置后，即可实现相应角度的旋转处理。图 8.12 给出了旋转角度为 90° 的图像旋转效果，其 MATLAB 程序如下：

```
function pushbutton2_Callback(hObject, eventdata, handles)
global T
axes(handles.axes2);
T=getimage;
prompt={'旋转角度:'};
defans={'0'};
p=inputdlg(prompt,'input',1,defans);
p1=str2num(p{1});
f=imrotate(handles.img,p1,'bilinear','crop');
imshow(f);
handles.img=f;
guidata(hObject,handles);
```

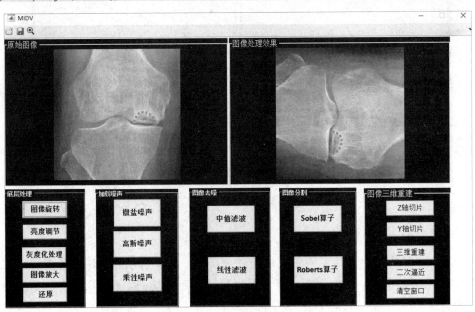

图 8.12　图像旋转效果示例

【亮度调节】按钮的功能是对图像进行灰度变换，调节灰度图像的亮度，这里通过调用图像处理工具箱中的 imadjust 函数来实现。通过选用线性映射或非线性映射（默认为线性映射）将图像的整体亮度值调整为更高数值（变亮）输出，或者更低数值（变暗）输出。图 8.13 给出了调整倍数为 0.2 时的亮度调节效果，其 MATLAB 程序如下：

```
function pushbutton3_Callback(hObject, eventdata, handles)
global T
axes(handles.axes2);
T=getimage;
prompt={'调整倍数'};
defans={'1'};
p=inputdlg(prompt,'input',1,defans);
p1=str2num(p{1});
y=imadjust(handles.img,[ ], [ ],p1);
imshow(y);
handles.img=y;
guidata(hObject,handles);
```

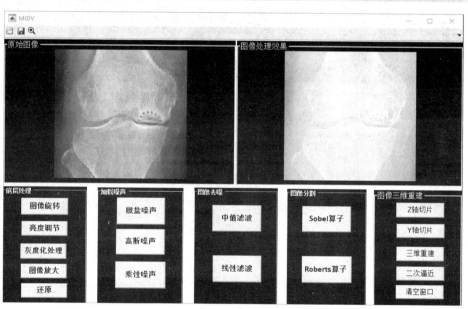

图 8.13　图像亮度调节效果示例

【灰度化处理】按钮的功能是将彩色图像转化为灰度图像，这里通过调用图像处理工具箱中的 rgb2gray 函数来实现。该函数通过消除图像的色调信息和饱和度信息，并保留亮度信息，将彩色图像转换为灰度图像。图 8.14 给出了图像灰度化处理效果示例，其 MATLAB 程序如下：

```
function pushbutton4_Callback(hObject, eventdata, handles)
global T
axes(handles.axes2);
T=getimage;
```

```
x=rgb2gray(handles.img);
imshow(x);
handles.img=x;
guidata(hObject,handles);
```

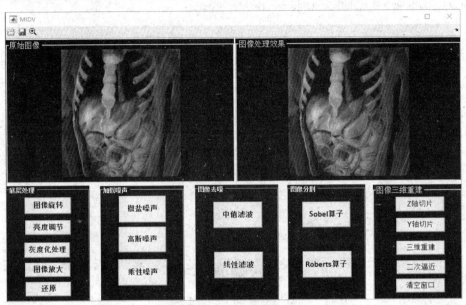

图 8.14　图像灰度化处理效果示例

【图像放大】按钮的功能是对图像进行放大处理，这里通过调用图像处理工具箱中的 imcrop 函数来实现。该函数允许用户以交互方式使用鼠标选定感兴趣的裁剪区域，最终返回裁剪区域内的图像。图 8.15 给出了图像放大效果示例，其 MATLAB 程序如下：

```
function pushbutton13_Callback(hObject, eventdata, handles)
global T
axes(handles.axes2);
T=getimage;
x=imcrop(handles.img);
imshow(x);
handles.img=x;
guidata(hObject,handles);
```

【还原】按钮的功能是将图像处理效果还原为原始图像，具体方法是：先调用图像处理工具箱中的 imread 函数来读取原始图像，再使用 imshow 函数显示读取的图像。这里以前面提到的图像灰度化处理为例，图 8.16 给出了还原后的效果，其 MATLAB 程序如下：

```
function pushbutton1_Callback(hObject, eventdata, handles)
global S
axes(handles.axes2);
y=imread(S);
f=imshow(y);
```

```
handles.img=y;
guidata(hObject,handles);
```

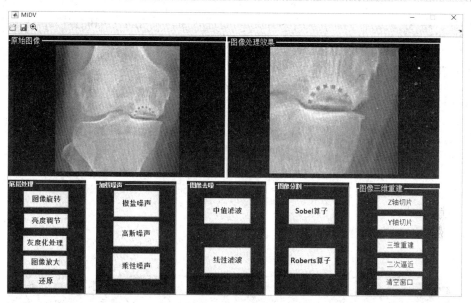

图 8.15 图像放大效果示例

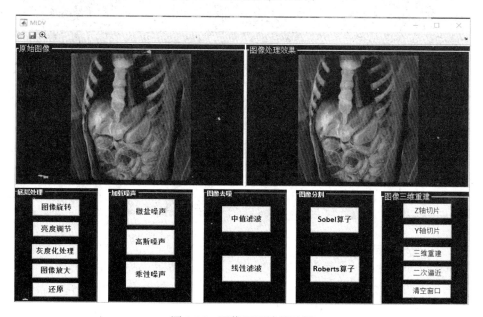

图 8.16 图像还原效果示例

（2）加载噪声模块。

加载噪声模块集成了【椒盐噪声】【高斯噪声】【乘性噪声】3 个功能按钮。该模块的功能是为图像添加几种典型噪声，这里通过调用图像处理工具箱中的 imnoise 函数来实现。

【椒盐噪声】按钮的功能是为图像加载指定强度的椒盐噪声。该类噪声是由图像传感器、传输信道、解码处理等产生的黑白相间的亮暗点噪声。它往往出现在随机位置，但噪点深度基本固定。单击【椒盐噪声】按钮，在弹出的对话框中输入噪声强度即可得到加噪后的图像。图 8.17 给出了噪声强度为 0.02 的处理效果，其 MATLAB 程序如下：

```
function pushbutton9_Callback(hObject, eventdata, handles)
axes(handles.axes2);
T=getimage;
prompt={'椒盐噪声强度:'};
defans={'0.02'};
p=inputdlg(prompt,'input',1,defans);
p1=str2num(p{1});
f=imnoise(handles.img,'salt & pepper',p1);
imshow(f);
handles.img=f;
guidata(hObject,handles);
```

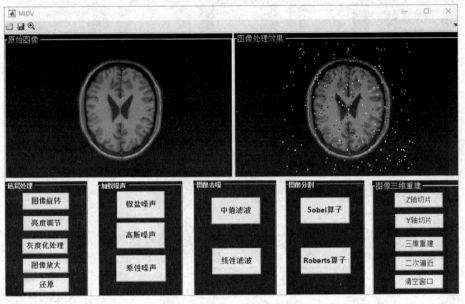

图 8.17　椒盐噪声加载效果示例

【高斯噪声】按钮的功能是为图像加载指定强度的高斯噪声。该类噪声的概率密度函数服从高斯分布，强度由均值和方差两个参数决定。高斯噪声几乎会影响图像的每一个像素点，但噪点深度随机。单击【高斯噪声】按钮，在弹出的对话框中输入噪声均值和方差即可得到加噪后的图像。图 8.18 给出了均值为 0、方差为 0.02 的处理效果，其 MATLAB 程序如下：

```
function pushbutton10_Callback(hObject, eventdata, handles)
axes(handles.axes2);
T=getimage;
prompt={'均值:','方差'};
```

```
defans={'0','0.02'};
p=inputdlg(prompt,'input',1,defans);
p1=str2num(p{1});
p2=str2num(p{2});
f=imnoise(handles.img,'gaussian',p1,p2);
imshow(f);
handles.img=f;
guidata(hObject,handles);
```

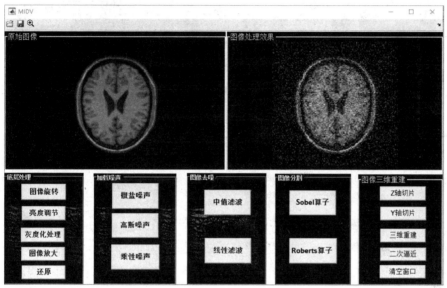

图 8.18　高斯噪声加载效果示例

【乘性噪声】按钮的功能是为图像加载指定强度的乘性噪声。该类噪声与图像有着相乘关系，通常满足瑞利分布或伽马分布，其起伏较剧烈，均匀度较低。单击【乘性噪声】按钮，在弹出的对话框中输入噪声强度即可得到加噪后的图像。图 8.19 给出了噪声强度为 0.02 的乘性噪声的处理效果，其 MATLAB 程序如下：

```
function pushbutton11_Callback(hObject, eventdata, handles)
axes(handles.axes2);
T=getimage;
prompt={'乘性噪声强度:'};
defans={'0.02'};
p=inputdlg(prompt,'input',1,defans);
p1=str2num(p{1});
f=imnoise(handles.img,'speckle',p1);
imshow(f);
handles.img=f;
guidata(hObject,handles);
```

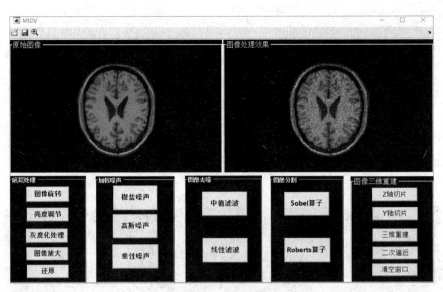

图 8.19　乘性噪声加载效果示例

（3）图像去噪模块。

图像去噪模块集成了【中值滤波】【线性滤波】两个功能按钮，以实现对图像的去噪处理。

【中值滤波】按钮的功能是利用非线性平滑技术，将图像像素灰度值设置为某个邻域窗口内所有像素灰度值的中值，从而消除孤立的噪声点。该滤波器对斑点噪声和椒盐噪声有良好的滤除作用，能在滤除噪声的同时保护图像的边缘特征。这里通过调用图像处理工具箱中的 medfilt2 函数来实现，其中邻域窗口的默认大小为 3×3（单位为像素）。图 8.20 给出了滤除强度为 0.02 的椒盐噪声的图像去噪效果，其 MATLAB 程序如下：

```
function pushbutton5_Callback(hObject, eventdata, handles)
global T
str=get(hObject,'string');
axes(handles.axes2);
T=getimage;
k=medfilt2(handles.img);
imshow(k);
handles.img=k;
guidata(hObject,handles);
```

【线性滤波】按钮的功能是采用线性平滑方式调整图像像素灰度值，即对于图像中的每一个像素点，计算它的邻域像素和一个二维滤波器矩阵（又称为卷积核）对应元素的乘积，然后加起来，作为该像素点的值。按卷积核的不同，常用的线性滤波方法有均值滤波、高斯滤波等。这里通过调用图像处理工具箱中的 convn 函数进行卷积运算。图 8.21 给出了滤除强度为 0.02 的椒盐噪声的图像去噪效果，其 MATLAB 程序如下：

```
function pushbutton6_Callback(hObject, eventdata, handles)
global T
```

```
str=get(hObject,'string');
axes(handles.axes2);
T=getimage;
h=[1 1 1;1 1 1;1 1 1];
H=h/9;
i=double(handles.img);
k=convn(i,h);
imshow(k,[]);
handles.img=k;
guidata(hObject,handles);
```

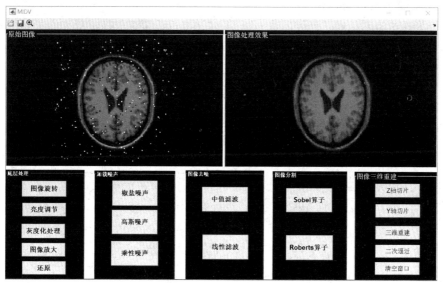

图 8.20　中值滤波效果示例

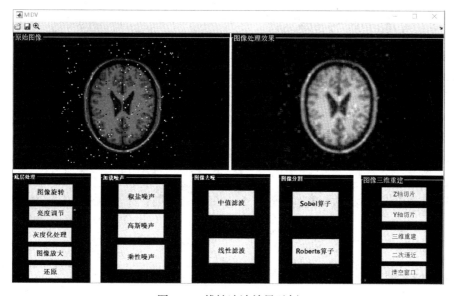

图 8.21　线性滤波效果示例

（4）图像分割模块。

图像分割模块集成了【Sobel 算子】【Roberts 算子】两个功能按钮，以实现基于边缘检测的图像分割功能。

【Sobel 算子】按钮的功能是利用图像亮度函数一阶梯度的近似值检测图像的边缘特征。首先对图像矩阵进行归一化处理，通过快速卷积方法计算图像亮度函数的梯度近似值；然后设定阈值，将梯度大于该阈值的像素认定为边缘点。图 8.22 给出了基于 Sobel 算子的图像分割效果，其 MATLAB 程序如下：

```
function pushbutton8_Callback(hObject, eventdata, handles)
global T
str=get(hObject,'string');
axes(handles.axes2);
T=getimage;
sourcePic=T;
grayPic=mat2gray(sourcePic);
[m,n]=size(grayPic);
newGrayPic=grayPic;
sobelNum=0;
sobelThreshold=0.8;
for j=2:m-1
    for k=2:n-1
    sobelNum=abs(grayPic(j-1,k+1)+2*grayPic(j,k+1)+grayPic(j+1,k+1)-grayPic(j-1,k-1)-
            2*grayPic(j,k-1)-grayPic(j+1,k-1))+abs(grayPic(j-1,k-1)+2*grayPic(j-1,k)+
            grayPic(j-1,k+1)-grayPic(j+1,k-1)-2*grayPic(j+1,k)-grayPic(j+1,k+1));
        if(sobelNum > sobelThreshold)
            newGrayPic(j,k)=255;
        else
            newGrayPic(j,k)=0;
        end
    end
end
imshow(newGrayPic);
handles.img=newGrayPic;
guidata(hObject,handles);
```

【Roberts 算子】按钮的功能是通过计算对角线方向相邻像素差分，用局部差分算子检测图像的边缘特征，实现图像分割。图 8.23 给出了基于 Roberts 算子的图像分割效果，其 MATLAB 程序如下：

```
function pushbutton12_Callback(hObject, eventdata, handles)
```

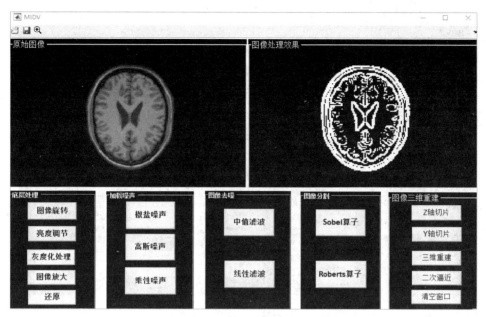

图 8.22　Sobel 算子图像分割效果示例

```
global T
axes(handles.axes2);
T=getimage;
sourcePic=T;
grayPic=mat2gray(sourcePic);
[m,n]=size(grayPic);
newGrayPic=grayPic;
robertsNum=0;
robertThreshold=0.2;
for j=1:m-1
    for k=1:n-1
        robertsNum=abs(grayPic(j,k)-grayPic(j+1,k+1))+abs(grayPic(j+1,k)-grayPic(j,k+1));
        if(robertsNum > robertThreshold)
            newGrayPic(j,k)=255;
        else
            newGrayPic(j,k)=0;
        end
    end
end
imshow(newGrayPic);
handles.img=newGrayPic;
guidata(hObject,handles);
```

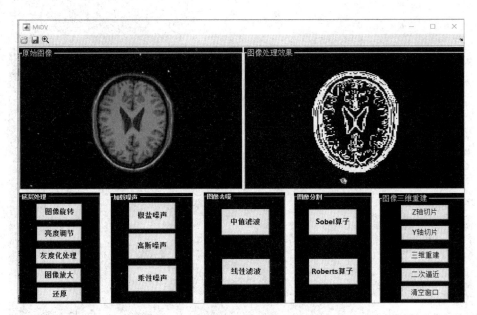

图 8.23　Roberts 算子图像分割效果示例

（5）图像三维重建模块。

图像三维重建模块集成了【Z 轴切片】【Y 轴切片】【三维重建】【二次逼近】【清空窗口】5 个功能按钮，以实现医学切片图像序列的导入和三维重建信息的绘制。

医学图像体数据切片技术可帮助医生从不同方向观察不同位置的二维图像。【Z 轴切片】按钮的功能是导入通过 Z 轴切片法获取的切片图像序列。Z 轴切片法首先将体数据的中心点放在三维坐标的原点上；然后将 X 轴、Y 轴按照一定的方向旋转一定的角度，得到一个新的体数据；最后将此体数据沿着 Z 轴的不同位置进行切片。该方法适用于展示体数据的冠矢状切面。图 8.24 给出了导入脑切片图像序列的效果，其 MATLAB 程序如下：

```
function pushbutton15_Callback(hObject, eventdata, handles)
axes(handles.axes1);
map = pink(90);
idxImages = 1:3:size(X,3);
colormap(map)
global h1
for k = 1:9
    j = idxImages(k);
    h1(k)=subplot(3,3,k);
    image(X(:,:,j));
    xlabel(['Z = ' int2str(j)]);
    if k==2
    title('沿着原始数据 Z 方向的切片');
    end
end
```

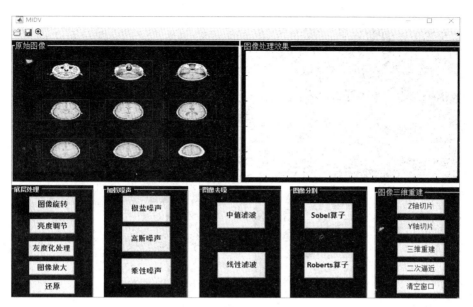

图 8.24　Z 轴切片效果示例

【Y 轴切片】按钮的功能是导入医学图像体数据沿 Y 轴方向的切片图像序列。图 8.25 给出了导入脑切片图像序列的效果，其 MATLAB 程序如下：

```
function pushbutton16_Callback(hObject, eventdata, handles)
load wmri
map = pink(90);
idxImages = 1:3:size(X,3);
colormap(map)
perm = [1 3 2];
XP = permute(X,perm);
global h2
idxImages1 = 1:14:size(XP,3);
colormap(map)
for k = 1:9
    j = idxImages1(k);
    h2(k)=subplot(3,3,k);
    image(XP(:,:,j));
    xlabel(['Y = ' int2str(j)]);
    if k==2
        title('沿着原始数据 Y 方向的切片');
    end
end
```

【三维重建】和【二次逼近】按钮的功能是通过将医学切片图像进行多层三维小波分解与重构，实现图像的初步三维重建和二次逼近功能。图 8.26 和图 8.27 分别给出了效果示例。

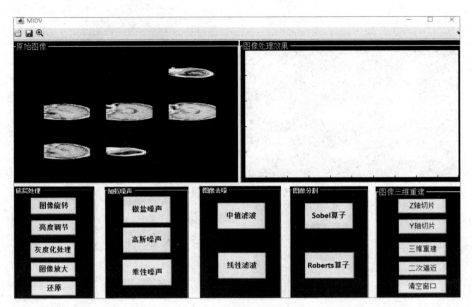

图 8.25　Y 轴切片效果示例

【三维重建】按钮的回调函数如下：

```
function pushbutton14_Callback(hObject, eventdata, handles)
load wmri
axes(handles.axes2);
global h3
XR = X;
Ds = smooth3(XR);
hiso = patch(isosurface(Ds,5),'FaceColor',[1,.75,.65],'EdgeColor','none');
hcap = patch(isocaps(XR,5),'FaceColor','interp','EdgeColor','none');
colormap(map)
daspect(gca,[.5,.5,.2])
h3=lightangle(305,30);
fig = gcf;
fig.Renderer = 'zbuffer';
lighting phong
isonormals(Ds,hiso)
hcap.AmbientStrength = .6;
hiso.SpecularColorReflectance = 0;
hiso.SpecularExponent = 50;
ax = gca;
ax.View = [215,30];
ax.Box = 'On';
axis    tight
h3=title('初步数据');
```

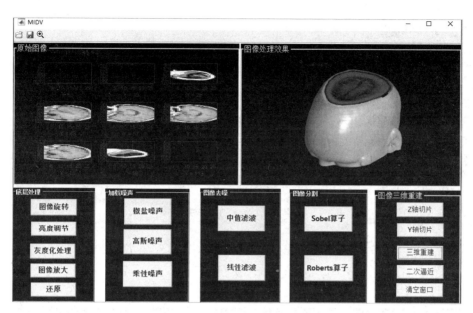

图 8.26　初步三维重建效果示例

【二次逼近】按钮的回调函数如下：

```
function pushbutton17_Callback(hObject, eventdata, handles)
load wmri
clear XP
n = 3;
w = 'sym4';
WT = wavedec3(X,n,w);
A = cell(1,n);
D = cell(1,n);
for k = 1:n
        A{k} = waverec3(WT,'a',k);
        D{k} = waverec3(WT,'d',k);
end
err = zeros(1,n);
for k = 1:n
        E = double(X)−A{k}−D{k};
        err(k) = max(abs(E(:)));
end
disp(err)
global h4
XR = A{2};
Ds = smooth3(XR);
hiso = patch(isosurface(Ds,5),'FaceColor',[1,.75,.65],'EdgeColor','none');
hcap = patch(isocaps(XR,5),'FaceColor','interp','EdgeColor','none');
colormap(map)
```

```
daspect(gca,[1,1,.4])
h4=lightangle(305,30);
fig = gcf;
fig.Renderer = 'zbuffer';
lighting phong
isonormals(Ds,hiso)
hcap.AmbientStrength = .6;
hiso.SpecularColorReflectance = 0;
hiso.SpecularExponent = 50;
ax = gca;
ax.View = [215,30];
ax.Box = 'On';
axis tight
h4=title('二次逼近');
```

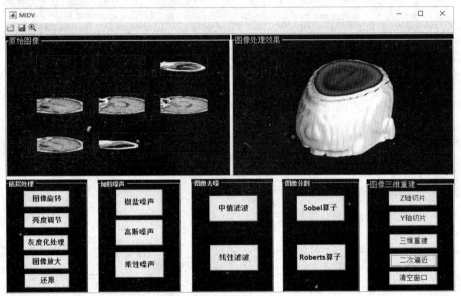

图 8.27　二次逼近效果示例

　　【清空窗口】按钮的功能是将原始图像窗口和图像处理效果窗口的内容进行清空处理，其 MATLAB 程序如下：

```
function pushbutton19_Callback(hObject, eventdata, handles)
cla(handles.axes1);
cla(handles.axes2);
```

　　单击平台界面工具栏中的【文件夹】图标，弹出【载入图像】对话框，从本地选中图像后，即可实现医学图像的导入。导入后的图像可利用上述功能按钮进行相应的后续处理。

　　综上所述，这款医学图像处理平台的设计具有良好的可视性和交互性，能有效挖掘医学图像信息。模块功能由简至繁，从二维图像的处理到三维图像的构建，通过优化计算，展现了医学图像的数据信息和特征。

8.2　雾霾场景下基于 Retinex 的图像去雾

雾霾是一种常见的天气现象。雾霾场景会影响户外机器视觉系统的成像质量，造成图像退化现象，主要表现为场景特征信息模糊、对比度弱、色彩失真等，这将严重限制和影响图像的应用。图像去雾处理的目的是从退化图像中去除来自天气因素的干扰，增强图像的清晰程度、颜色饱和度，从而最大限度地恢复图像的有用特征，使得复原图像能更好地应用于安防监控、智能交通、遥感观测、自动驾驶等诸多领域。

本节结合工程应用需求问题，主要介绍雾霾场景下基于 Retinex 的图像去雾增强方法及其 MATLAB 实现。

8.2.1　Retinex 基本原理

Retinex 源于视网膜 "Retina" 和大脑皮层 "Cortex" 的缩写，是在颜色恒常理论基础上建立的一种图像增强方法。Retinex 方法的理论依据是物体的颜色是由物体对长波（红）、中波（绿）和短波（蓝）光线的反射能力决定的，不受光照非均性的影响，具有一致性，即 Retinex 方法是以颜色恒常性为基础的。

Retinex 增强方法首先要从接收的图像中分离出照度分量，进而推算出物体的反射分量。下面给出照度分量和反射分量分离的数学描述。

将一幅图像 $S(x,y)$ 分解成两幅图像的乘积：

$$S(x, y) = R(x, y) \cdot L(x, y) \tag{8.1}$$

式中，$L(x,y)$ 表示入射光的照度分量，具有平缓的变化特性；$R(x,y)$ 表示物体的反射分量，具有相对高频的变化特性。入射光取决于光源，反射光取决于图像自身的性质。将图像的反射分量从照度分量中分离出来后，可以消除光照影响，增强高频细节特征。Retinex 原理示意图如图 8.28 所示。

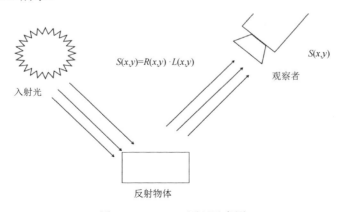

图 8.28　Retinex 原理示意图

8.2.2　单尺度 Retinex 去雾

由于人眼对高频信息更为敏感，所以反射图像更适合人眼观察。对于 RGB 图像，可以分别对各分量做高频增强处理，再对增强后的各分量图像进行融合。这种单尺度 Retinex 去雾增强的算法流程如下。

步骤 1：利用对数变换分离图像中的照度分量和反射分量，即

$$S'(x, y) = r(x, y) + l(x, y) = \log(R(x, y)) + \log(L(x, y)) \tag{8.2}$$

MATLAB 程序如下：

```
I=imread('house.jpg');
R=I(:,:,1);
[N1,M1]=size(R);
R0=double(R);
Rlog=log(R0+1);
Rfft2=fft2(R0);
G=I(:,:,2);
[N1,M1]=size(G);
G0=double(G);
Glog=log(G0+1);
Gfft2=fft2(G0);
B=I(:,:,3);
[N1,M1]=size(B);
B0=double(B);
Blog=log(B0+1);
Bfft2=fft2(B0);
```

步骤 2：用高斯低通滤波函数 $F(x, y)$ 与图像做卷积运算，计算图像像素与其周围区域像素的灰度加权平均，估计图像中的照度分量（低频分量），从而滤除低频成分，保留高频成分。低通滤波后的图像 $D(x, y)$ 可表示为

$$D(x, y) = S(x, y) * F(x, y) \tag{8.3}$$

MATLAB 程序如下：

```
sigma=250;
F=zeros(N1,M1);
for i=1:N1
    for j=1:M1
        F(i,j)=exp(-((i-N1/2)^2+(j-M1/2)^2)/(2*sigma*sigma));
    end
end
F=F./(sum(F(:)));
Ffft=fft2(double(F));
DR0=Rfft2.*Ffft;
```

```
DR=ifft2(DR0);
for i=1:N1
    for j=1:M1
        F(i,j)=exp(−((i−N1/2)^2+(j−M1/2)^2)/(2*sigma*sigma));
    end
end
F=F./(sum(F(:)));
Ffft=fft2(double(F));
DG0=Gfft2.*Ffft;
DG=ifft2(DG0);
for i=1:N1
    for j=1:M1
        F(i,j)=exp(−((i−N1/2)^2+(j−M1/2)^2)/(2*sigma*sigma));
    end
end
F=F./(sum(F(:)));
Ffft=fft2(double(F));
DB0=Gfft2.*Ffft;
DB=ifft2(DB0);
```

步骤 3：在对数域中，用原始图像减去低通滤波后的图像，从而获取高频增强的图像 $G(x,y)$：

$$G(x,y) = S'(x,y) - \log(D(x,y)) \tag{8.4}$$

MATLAB 程序如下：

```
DRdouble=double(DR);
DRlog=log(DRdouble+1);
Rr=Rlog−DRlog;
DGdouble=double(DG);
DGlog=log(DGdouble+1);
Gg=Glog−DGlog;
DBdouble=double(DB);
DBlog=log(DBdouble+1);
Bb=Blog−DBlog;
```

步骤 4：对 $G(x,y)$ 取反对数，获取增强后的图像 $R(x,y)$：

$$R(x,y) = \exp(G(x,y)) \tag{8.5}$$

MATLAB 程序如下：

```
EXPRr=exp(Rr);
EXPGg=exp(Gg);
EXPBb=exp(Bb);
```

步骤 5：对 $R(x,y)$ 做对比度增强处理。MATLAB 程序如下：

```
MIN=min(min(EXPRr));
MAX=max(max(EXPRr));
EXPRr=(EXPRr-MIN)/(MAX-MIN);
EXPRr=adapthisteq(EXPRr);
MIN=min(min(EXPGg));
MAX=max(max(EXPGg));
EXPGg=(EXPGg-MIN)/(MAX-MIN);
EXPGg=adapthisteq(EXPGg);
MIN=min(min(EXPBb));
MAX=max(max(EXPBb));
EXPBb=(EXPBb-MIN)/(MAX-MIN);
EXPBb=adapthisteq(EXPBb);
```

步骤 6：融合增强后的各分量图像，得到最终的去雾增强效果，如图 8.29 所示。MATLAB 程序如下：

```
I0(:,:,1)=EXPRr;
I0(:,:,2)=EXPGg;
I0(:,:,3)=EXPBb;
subplot(121),imshow(I);
subplot(122),imshow(I0);
```

利用单尺度 Retinex 方法可消除雾在光照上的影响，实现雾天图像的清晰化处理。但是，由于雾对入射光和反射光都有平滑作用，因此增强后的图像中仍然存在着少量光晕现象。

（a）原始图像

（b）单尺度 Retinex 去雾效果

图 8.29　去雾前后图像对比

8.2.3 多尺度 Retinex 去雾

为了克服单尺度 Retinex 的缺陷，可以将一幅图像在不同尺度上利用高斯模板进行低通滤波处理，然后对不同尺度的滤波结果进行加权平均，以获得照度图像。多尺度 Retinex 可以用数学描述为

$$R_i(x,y) = \sum_{n=1}^{N} W_n \left\{ \log\left[I_i(x,y) \right] - \log\left[F_n(x,y) * I_i(x,y) \right] \right\} \tag{8.6}$$

式中，$R_i(x,y)$ 表示 Retinex 的输出，$i \in R,G,B$，表示 3 个颜色谱带；W_n 表示权重因子；N 表示尺度数，$N=3$ 表示彩色图像，$N=1$ 表示灰度图像。

多尺度 Retinex 具有较好的颜色再现性、亮度恒常性及动态范围压缩性等特性。在多尺度 Retinex 增强过程中，图像可能会由于增加了噪声而造成图像中局部区域色彩失真，从而影响整体视觉效果。为了弥补这个缺陷，可采用带有色彩恢复因子的多尺度算法来解决。带有色彩恢复因子的多尺度 Retinex 算法是在多个固定尺度的基础上考虑色彩不失真恢复的结果，弥补由于图像局部区域对比度增强而导致图像颜色失真的缺陷。色彩恢复因子可以表示为

$$C_i(x,y) = f\left[I_i(x,y) \right] = f\left[\frac{I_i(x,y)}{\sum_{j=1}^{N} I_j(x,y)} \right] \tag{8.7}$$

式中，$f(\cdot)$ 表示颜色空间映射函数；C_i 表示第 i 个通道的色彩恢复系数，用于调节 R、G、B 通道颜色的比例关系，从而把相对暗的区域信息凸显出来，以达到弥补图像色彩失真的缺陷。处理后的图像局域对比度增强，亮度与真实场景相似。

带有色彩恢复因子的多尺度 Retinex 可用数学公式描述为

$$R_i'(x,y) = C_i(x,y) R_i(x,y) \tag{8.8}$$

这种多尺度 Retinex 去雾增强的算法流程如下。

步骤 1：分别求取 R、G、B 通道下多尺度高频增强图像。MATLAB 程序如下：

```
I=imread( 'house.jpg' );
R=I(:,:,1);
G=I(:,:,2);
B=I(:,:,3);
R0=double(R);
G0=double(G);
B0=double(B);
[N1,M1]=size(R);
% 对 R 分量进行处理
Rlog=log(R0+1);
Rfft2=fft2(R0);
sigma=128;
```

```
F = zeros(N1,M1);
for i=1:N1
    for j=1:M1
        F(i,j)=exp(-((i-N1/2)^2+(j-M1/2)^2)/(2*sigma*sigma));
    end
end
F = F./(sum(F(:)));
Ffft=fft2(double(F));
DR0=Rfft2.*Ffft;
DR=ifft2(DR0);
DRdouble=double(DR);
DRlog=log(DRdouble+1);
Rr0=Rlog-DRlog;
sigma=256;
F = zeros(N1,M1);
for i=1:N1
    for j=1:M1
        F(i,j)=exp(-((i-N1/2)^2+(j-M1/2)^2)/(2*sigma*sigma));
    end
end
F = F./(sum(F(:)));
Ffft=fft2(double(F));
DR0=Rfft2.*Ffft;
DR=ifft2(DR0);
DRdouble=double(DR);
DRlog=log(DRdouble+1);
Rr1=Rlog-DRlog;
sigma=512;
F = zeros(N1,M1);
for i=1:N1
    for j=1:M1
        F(i,j)=exp(-((i-N1/2)^2+(j-M1/2)^2)/(2*sigma*sigma));
    end
end
F = F./(sum(F(:)));
Ffft=fft2(double(F));
DR0=Rfft2.*Ffft;
DR=ifft2(DR0);
DRdouble=double(DR);
DRlog=log(DRdouble+1);
Rr2=Rlog-DRlog;
Rr=(1/3)*(Rr0+Rr1+Rr2);
% 对 G 分量进行处理
```

```
[N1,M1]=size(G);
G0=double(G);
Glog=log(G0+1);
Gfft2=fft2(G0);
sigma=128;
F = zeros(N1,M1);
for i=1:N1
    for j=1:M1
        F(i,j)=exp(-((i-N1/2)^2+(j-M1/2)^2)/(2*sigma*sigma));
    end
end
F = F./(sum(F(:)));
Ffft=fft2(double(F));
DG0=Gfft2.*Ffft;
DG=ifft2(DG0);
DGdouble=double(DG);
DGlog=log(DGdouble+1);
Gg0=Glog-DGlog;
sigma=256;
F = zeros(N1,M1);
for i=1:N1
    for j=1:M1
        F(i,j)=exp(-((i-N1/2)^2+(j-M1/2)^2)/(2*sigma*sigma));
    end
end
F = F./(sum(F(:)));
Ffft=fft2(double(F));
DG0=Gfft2.*Ffft;
DG=ifft2(DG0);
DGdouble=double(DG);
DGlog=log(DGdouble+1);
Gg1=Glog-DGlog;
sigma=512;
F = zeros(N1,M1);
for i=1:N1
    for j=1:M1
        F(i,j)=exp(-((i-N1/2)^2+(j-M1/2)^2)/(2*sigma*sigma));
    end
end
F = F./(sum(F(:)));
Ffft=fft2(double(F));
DG0=Gfft2.*Ffft;
DG=ifft2(DG0);
```

```
DGdouble=double(DG);
DGlog=log(DGdouble+1);
Gg2=Glog-DGlog;
Gg=(1/3)*(Gg0+Gg1+Gg2);
% 对 B 分量进行处理
[N1,M1]=size(B);
B0=double(B);
Blog=log(B0+1);
Bfft2=fft2(B0);
sigma=128;
F = zeros(N1,M1);
for i=1:N1
    for j=1:M1
        F(i,j)=exp(-((i-N1/2)^2+(j-M1/2)^2)/(2*sigma*sigma));
    end
end
F = F./(sum(F(:)));
Ffft=fft2(double(F));
DB0=Bfft2.*Ffft;
DB=ifft2(DB0);
DBdouble=double(DB);
DBlog=log(DBdouble+1);
Bb0=Blog-DBlog;
sigma=256;
F = zeros(N1,M1);
for i=1:N1
    for j=1:M1
        F(i,j)=exp(-((i-N1/2)^2+(j-M1/2)^2)/(2*sigma*sigma));
    end
end
F = F./(sum(F(:)));
Ffft=fft2(double(F));
DB0=Bfft2.*Ffft;
DB=ifft2(DB0);
DBdouble=double(DB);
DBlog=log(DBdouble+1);
Bb1=Blog-DBlog;
sigma=512;
F = zeros(N1,M1);
for i=1:N1
    for j=1:M1
        F(i,j)=exp(-((i-N1/2)^2+(j-M1/2)^2)/(2*sigma*sigma));
    end
```

```
end
F = F./(sum(F(:)));
Ffft=fft2(double(F));
DB0=Rfft2.*Ffft;
DB=ifft2(DB0);
DBdouble=double(DB);
DBlog=log(DBdouble+1);
Bb2=Blog-DBlog;
Bb=(1/3)*(Bb0+Bb1+Bb2);
```

步骤 2：将增强后的分量乘以色彩恢复因子，并对其进行反对数变换及灰度拉伸处理。

MATLAB 程序如下：

```
%对 R 分量进行处理
a=125;
II=imadd(R0,G0);
II=imadd(II,B0);
Ir=immultiply(R0,a);
C=imdivide(Ir,II);
C=log(C+1);
Rr=immultiply(C,Rr);
EXPRr=exp(Rr);
MIN = min(min(EXPRr));
MAX = max(max(EXPRr));
EXPRr = (EXPRr-MIN)/(MAX-MIN);
EXPRr=adapthisteq(EXPRr);
%对 G 分量进行处理
Gg=immultiply(C,Gg);
EXPGg=exp(Gg);
MIN = min(min(EXPGg));
MAX = max(max(EXPGg));
EXPGg = (EXPGg-MIN)/(MAX-MIN);
EXPGg=adapthisteq(EXPGg);
%对 B 分量进行处理
Bb=immultiply(C,Bb);
EXPBb=exp(Bb);
MIN = min(min(EXPBb));
MAX = max(max(EXPBb));
EXPBb = (EXPBb-MIN)/(MAX-MIN);
EXPBb=adapthisteq(EXPBb);
```

步骤 3：融合增强后的 R、G、B 分量。MATLAB 程序如下：

```
I0(:,:,1)=EXPRr;
I0(:,:,2)=EXPGg;
I0(:,:,3)=EXPBb;
```

```
subplot(121),imshow(I);
subplot(122),imshow(I0);
```

多尺度 Rentinex 去雾前后图像对比如图 8.30 所示。

（a）原始图像

（b）多尺度 Retinex 去雾效果

图 8.30　多尺度 Rentinex 去雾前后图像对比

8.3　结合语义特征的人脸图像去模糊

人脸图像具有高度的结构性和面部部件（如眼睛、鼻子和嘴）的一致性，这些语义信息能为图像复原提供有力的先验。本节介绍一种结合语义特征的人脸图像去模糊方法。利用经深度卷积神经网络（CNN）训练得到的全局语义标签作为输入先验，并引入人脸局部结构的自适应调整，使得复原的图像具有更准确的面部特征和细节。具体来说，去模糊处理通过由模糊图像和语义标签作为输入的去模糊网络，由粗到细（多尺度）地复原人脸图像。首先，利用较粗尺度的去模糊网络，减少输入面部图像的运动模糊；然后，采用人脸解析网络从粗尺度去模糊图像中提取语义特征；最后，基于模糊图像、粗尺度去模糊图像和语义标签，利用细尺度去模糊网络还原清晰的面部图像。另外，为了产生逼真的复原效果，该方法还利用了感知域损失和对抗性损失训练网络。下面详细描述该去模糊方法的技术要点。

8.3.1　网络结构

给定一副模糊的人脸图像 x，去模糊的目标是将其复原为逼近真实图像 y_{GT} 的清晰图像 y。下面通过训练深度 CNN 实现去模糊。去模糊模型包括 3 个网络：粗尺度去模糊网

络 ς_{c}、人脸语义解析网络 P 和细尺度去模糊网络 ς_{f}。

1. 粗尺度去模糊网络

为了减小运动模糊的影响，首先获取粗尺度去模糊图像 y_{c}：

$$y_{\text{c}} = \varsigma_{\text{c}}(x) \tag{8.9}$$

式中，ς_{c} 是一个多尺度的残差网络。因为脸部图像的空间分辨率较低，所以这里仅使用两个尺度：第一个尺度的输入为模糊图像的 2 倍下采样图像 $x^{(0.5\times)}$，输出为下采样的粗尺度去模糊图像 $y_{\text{c}}^{(0.5\times)}$；第二个尺度的输入为模糊图像 x 和上采样的去模糊图像 $\upsilon_{2\times}(y_{\text{c}}^{(0.5\times)})$（其中，$\upsilon_{2\times}$ 表示双 3 次上采样算子），输出为粗尺度去模糊图像 y_{c}。为了增加网络的感受野，可以在第一个卷积层使用较大尺寸的滤波器（如11×11，单位为像素）。

2. 人脸语义解析网络

采用具有残差连接的编码器与解码器结构构建人脸语义解析网络。该网络以粗尺度去模糊图像 y_{c} 作为输入，产生人脸语义标签概率映射 p：

$$p = P(y_{\text{c}}) \tag{8.10}$$

语义标签概率用于编码重要的表观信息及面部部件的大致位置，并作为重建去模糊人脸图像的全局先验。

3. 细尺度去模糊网络

细尺度去模糊网络与粗尺度去模糊网络结构相似。该网络以模糊图像 x、粗尺度去模糊图像 y_{c} 和语义标签概率映射 p 为输入，最终还原清晰面部图像 y：

$$y = \varsigma_{\text{f}}(x, y_{\text{c}}, p) \tag{8.11}$$

细尺度去模糊网络仍是一个具有两个尺度的多尺度网络：第一个尺度的输入包括下采样的模糊图像 $x^{(0.5\times)}$、下采样的粗尺度去模糊图像 $y_{\text{c}}^{(0.5\times)}$ 和下采样的语义标签概率映射 $p^{(0.5\times)}$；第二个尺度的输入包括模糊图像 x、粗尺度去模糊图像 y_{c}、上采样的去模糊图像 $\upsilon_{2\times}(y^{(0.5\times)})$ 和下采样的语义标签概率映射 $p^{(0.5\times)}$，其输出是最终的去模糊图像 y。图 8.31 是人脸语义解析网络和去模糊网络的示意图。

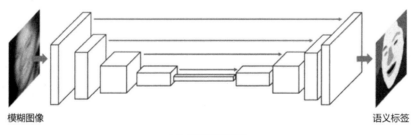

（a）语义解析网络

图 8.31　人脸语义解析网络和去模糊网络的示意图

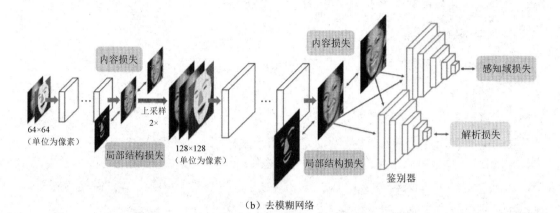

（b）去模糊网络

图 8.31　人脸语义解析网络和去模糊网络的示意图（续）

8.3.2　损失函数

神经网络训练和优化的过程就是最小化损失函数的过程。损失函数越小，模型的预测值就越接近真实值，模型的准确性越高。可见，损失函数的选择是设计神经网络的一个关键问题。这里，人脸语义解析网络的训练使用交叉熵损失函数，去模糊网络的优化使用像素级的内容损失函数和自适应调整的局部结构损失函数。由于 L_1 范数损失函数容易导致过平滑结果，所以在优化去模糊网络时，引入了感知域损失和对抗性损失，以生成逼真的去模糊图像。

1.　解析损失

人脸语义解析网络的优化采用解决多分类问题的交叉熵损失函数：

$$L_p = -\sum_{k=1}^{K} p_{GT}^{(k)} \log(p^{(k)}) \tag{8.12}$$

式中，$p_{GT}^{(k)}$ 表示第 k 类语义标签的真实值。

2.　内容损失

细尺度去模糊网络和粗尺度去模糊网络的优化采用基于 L_1 范数的内容损失函数：

$$L_c = \left\| y_c - y_{GT} \right\|_1 + \left\| y - y_{GT} \right\|_1 \tag{8.13}$$

3.　自适应局部结构损失

内容损失是面向真实图像的全局约束，人脸的关键部件（如眼睛和嘴）由于空间分辨率较低，所以容易被忽略。因此，仅面向整幅图像最小化内容损失函数不能保证复原人脸的细节信息。针对人脸的 8 个重要部件，包括左眼、右眼、左眉、右眉、鼻子、上唇、下唇和牙齿，可以通过引入局部结构损失约束来增强局部细节。对面部关键部件施加的局部

结构损失函数为

$$L_s = \sum_{k=1}^{K} w_k \left\| M_k \odot y - M_k \odot y_{\text{GT}} \right\|_1 \tag{8.14}$$

式中，w_k 表示赋予各关键部件的权重；M_k 表示从语义标签映射 p 中提取的第 k 个部件的结构掩模。w_k 采用自适应调整机制更新，即

$$w_k = c/A_k \tag{8.15}$$

式中，c 表示常数；A_k 表示第 k 个部件的尺寸。这样，通过自适应局部结构损失约束，可以给小部件赋予较大的权重，从而有助于复原脸部细节。

4. 感知损失

感知损失用来测度一个预训练分类网络（如 VGG16）在高维特征空间的相似性。给定输入图像 x，用 $\phi_l(x)$ 表示损失网络 ϕ 在第 l 层的激活函数。此时，感知损失函数定义为

$$L_{\text{VGG}} = \sum_l \left\| \phi_l(y) - \phi_l(y_{\text{GT}}) \right\|_1 \tag{8.16}$$

5. 对抗损失

将细尺度去模糊网络作为生成器 ς，创建尽可能真实的新面部图像。在 DCGAN 模型的基础上构建一个鉴别器 Ψ，从生成器的输出中鉴别图像是否真实。这样，对抗训练可描述为如下优化问题：

$$\min_{\varsigma} \max_{\Psi} E[\log \Psi(y_{\text{GT}})] + E[\log(1 - \Psi(y))] \tag{8.17}$$

在更新生成器时，设定对抗损失函数为

$$L_{\text{adv}} = -\log \Psi(y) \tag{8.18}$$

而鉴别器由 6 个卷积层和 1 个 RELU 激活层组成，最后一层利用 sigmoid 函数输出一个逼真图像。

6. 总体损失函数

人脸去模糊模型训练的总体损失函数为

$$L = L_c + \lambda_s L_s + \lambda_p L_p + \lambda_{\text{VGG}} L_{\text{VGG}} + \lambda_{\text{adv}} L_{\text{adv}} \tag{8.19}$$

式中，λ_s、λ_p、λ_{VGG}、λ_{adv} 分别是用于平衡局部结构损失、解析损失、感知损失和对抗损失的权重。内容损失 L_c 和局部结构损失 L_s 用于去模糊网络每个尺度的训练，而感知损失 L_{VGG} 和对抗损失 L_{adv} 只用于最后输出图像，即细尺度去模糊网络的第二个尺度的输出。

8.3.3 训练策略

网络模型的训练采用如下渐进式策略。

（1）利用内容损失函数优化训练粗尺度去模糊网络 ς_c。

（2）固定 ς_c，利用解析损失函数优化训练人脸语义解析网络 P。

（3）固定 ς_c 和 P，利用内容损失、局部结构损失、感知损失和对抗损失优化训练细尺度去模糊网络 ς_f。

（4）通过最小化总体损失函数，联合优化粗尺度去模糊网络 ς_c、人脸语义解析网络 P、细尺度去模糊网络 ς_f。

8.3.4　MATLAB 实现

本节介绍的结合语义特征的人脸图像去模糊算法可通过如下 MATLAB 程序实现。

主程序 main_deblur18.m 如下：

```
load('net_G_P_S_F.mat');
load('net_P_P_S_F.mat');
run ./matconvnet-1.0-beta22/matlab/vl_setupnn.m;
grayBlur=single(imread('example.png'));
blurImg=grayBlur;
if max(blurImg(:)>1)
    blurImg = blurImg/256;
end
deblur=DL_deblur_net18(blurImg,net_G,net_P);
imwrite(deblur,['example_deblur.png']);
figure;
subplot(1, 2, 1); imshow(blurImg);
subplot(1, 2, 2); imshow(deblur);
```

函数程序 DL_deblur_net18.m 如下：

```
function [outIm] = DL_deblur_net18(blurImg, net_G, net_P)
blurImg=imresize(blurImg,[128 128]);
blurImg0=imresize(blurImg,[64 64]);
% 下采样
convImg_1 = vl_nnconv(blurImg,net_P(1,1).w, net_P(1,1).b,'pad',[1 1 1 1],'stride',[1,1],'cuDNN');
batchImg_1 =vl_nnbnorm(convImg_1,net_P(1,1).bw, net_P(1,1).bb,'epsilon',1.0000e-04,'cuDNN');
reluImg_1 =vl_nnrelu(batchImg_1,[], 'leak', 0.0);
poolImng_1 =vl_nnpool(reluImg_1,[2,2],'pad', 0, 'stride', [2 ,2],'method','max');

convImg_2 = vl_nnconv(poolImng_1,net_P(1,2).w, net_P(1,2).b,'pad',[1 1 1 1],'stride',[1,1],'cuDNN');
batchImg_2 =vl_nnbnorm(convImg_2,net_P(1,2).bw, net_P(1,2).bb, 'epsilon',1.0000e-04,'cuDNN');
reluImg_2 =vl_nnrelu(batchImg_2,[], 'leak', 0.0);
poolImng_2 =vl_nnpool(reluImg_2,[2,2],'pad', 0, 'stride', [2 ,2],'method','max');
```

```
convImg_3 = vl_nnconv(poolImng_2,net_P(1,3).w, net_P(1,3).b,'pad',[2 2 2 2],'stride',[1,1],'cuDNN');
batchImg_3 =vl_nnbnorm(convImg_3,net_P(1,3).bw, net_P(1,3).bb,'epsilon',1.0000e-04,'cuDNN');
reluImg_3 =vl_nnrelu(batchImg_3,[], 'leak', 0.0);
poolImng_3 =vl_nnpool(reluImg_3,[2,2],'pad', 0, 'stride', [2 ,2],'method','max');

convImg_4 = vl_nnconv(poolImng_3,net_P(1,4).w, net_P(1,4).b,'pad',[1 1 1 1],'stride',[1,1],'cuDNN');
batchImg_4 =vl_nnbnorm(convImg_4,net_P(1,4).bw, net_P(1,4).bb,'epsilon',1.0000e-04,'cuDNN');
reluImg_4 =vl_nnrelu(batchImg_4,[], 'leak', 0.0);
poolImng_4 =vl_nnpool(reluImg_4,[2,2],'pad', 0, 'stride', [2 ,2],'method','max');

convImg_5 = vl_nnconv(poolImng_4,net_P(1,5).w, net_P(1,5).b,'pad',[1 1 1 1],'stride',[1,1],'cuDNN');
batchImg_5 =vl_nnbnorm(convImg_5,net_P(1,5).bw, net_P(1,5).bb,'epsilon',1.0000e-04,'cuDNN');
reluImg_5 =vl_nnrelu(batchImg_5,[], 'leak', 0.0);
poolImng_5 =vl_nnpool(reluImg_5,[2,2],'pad', 0 , 'stride', [2 ,2],'method','max');

convImg_6 = vl_nnconv(poolImng_5,net_P(1,6).w, net_P(1,6).b,'pad',[1 1 1 1],'stride',[1,1],'cuDNN');
batchImg_6 =vl_nnbnorm(convImg_6,net_P(1,6).bw, net_P(1,6).bb,'epsilon',1.0000e-04,'cuDNN');
reluImg_6 =vl_nnrelu(batchImg_6,[], 'leak', 0.0);
%  上采样
de_deconv_1=vl_nnconvt(reluImg_6,net_P(1,7).upw,net_P(1,7).upb,'upsample',[2  2],'crop',[1  1  1  1],
'numGroups',1,'cuDNN');
de_convImg_1 =vl_nnconv(de_deconv_1,net_P(1,7).w,net_P(1,7).b,'pad',[1 1 1 1],'stride',[1 1],'cuDNN');
de_batchImg_1=vl_nnbnorm(de_convImg_1,net_P(1,7).bw,net_P(1,7).bb,'epsilon',1.0000e-04,'cuDNN');
de_reluImng_1=vl_nnrelu(de_batchImg_1,[],'leak',0.0);
de_sumImg_1=(de_reluImng_1+reluImg_5);

de_deconv_2=vl_nnconvt(de_sumImg_1,net_P(1,8).upw,net_P(1,8).upb,'upsample',[2  2],'crop',[1  1  1  1],
'numGroups',1,'cuDNN');
de_convImg_2 =vl_nnconv(de_deconv_2,net_P(1,8).w,net_P(1,8).b,'pad',[1 1 1 1],'stride',[1 1],'cuDNN');
de_batchImg_2=vl_nnbnorm(de_convImg_2,net_P(1,8).bw,net_P(1,8).bb,'epsilon',1.0000e-04,'cuDNN');
de_reluImng_2=vl_nnrelu(de_batchImg_2,[],'leak',0.0);
de_sumImg_2=(de_reluImng_2+reluImg_4);

de_deconv_3=vl_nnconvt(de_sumImg_2,net_P(1,9).upw,net_P(1,9).upb,'upsample',[2  2],'crop',[1  1  1  1],
'numGroups',1,'cuDNN');
de_convImg_3 =vl_nnconv(de_deconv_3,net_P(1,9).w,net_P(1,9).b,'pad',[1 1 1 1],'stride',[1 1],'cuDNN');
de_batchImg_3=vl_nnbnorm(de_convImg_3,net_P(1,9).bw,net_P(1,9).bb,'epsilon',1.0000e-04,'cuDNN');
de_reluImng_3=vl_nnrelu(de_batchImg_3);
de_sumImg_3=(de_reluImng_3+reluImg_3);

de_deconv_4=vl_nnconvt(de_sumImg_3,net_P(1,10).upw,net_P(1,10).upb,'upsample',[2 2],'crop',[1 1 1 1],
'numGroups',1,'cuDNN');
de_convImg_4 =vl_nnconv(de_deconv_4,net_P(1,10).w,net_P(1,10).b,'pad',[1 1 1 1],'stride',[1 1],'cuDNN');
```

```
de_batchImg_4=vl_nnbnorm(de_convImg_4,net_P(1,10).bw,net_P(1,10).bb,'epsilon',1.0000e-
04,'cuDNN');
    de_reluImng_4=vl_nnrelu(de_batchImg_4,[],'leak',0.0);
    de_sumImg_4=(de_reluImng_4+reluImg_2);

    de_deconv_5=vl_nnconvt(de_sumImg_4,net_P(1,11).upw,net_P(1,11).upb,'upsample',[2 2],'crop',[1 1 1 1],
'numGroups',1,'cuDNN');
    de_convImg_5 =vl_nnconv(de_deconv_5,net_P(1,11).w,net_P(1,11).b,'pad',[1 1 1 1],'stride',[1 1],'cuDNN');
    de_batchImg_5=vl_nnbnorm(de_convImg_5,net_P(1,11).bw,net_P(1,11).bb,'epsilon',1.0000e-
04,'cuDNN');
    de_reluImg_5=vl_nnrelu(de_batchImg_5,[],'leak',0.0);

    de_convImg_parsing=vl_nnconv(de_reluImg_5,net_P(1,12).w,net_P(1,12).b,'pad',[1 1 1 1],'stride',[1 1]);
    % net_G
    G_softImg_1=vl_nnsoftmax(de_convImg_parsing);
    G_poolImng_1 =vl_nnpool(G_softImg_1,[2,2],'pad', [0 0 0 0], 'stride', [2 ,2],'method','max');
    G_concatImg_1=vl_nnconcat({blurImg0,G_poolImng_1},3);
    G_convImg_1=vl_nnconv(G_concatImg_1,net_G(1,1).w,net_G(1,1).b,'pad',[5 5 5 5],'stride',[1 1],'cuDNN');
    G_reluImg_1=vl_nnrelu(G_convImg_1,[],'leak',0.0);

    G_convImg_2=vl_nnconv(G_reluImg_1,net_G(1,2).w,net_G(1,2).b,'pad',[2 2 2 2],'stride',[1 1],'cuDNN');
    G_reluImg_2=vl_nnrelu(G_convImg_2,[],'leak',0.0);

    G_convImg_3=vl_nnconv(G_reluImg_2,net_G(1,3).w,net_G(1,3).b,'pad',[2 2 2 2],'stride',[1 1],'cuDNN');
    G_reluImg_3=vl_nnrelu(G_convImg_3,[],'leak',0.0);

    G_res1_convImg_1_1=vl_nnconv(G_reluImg_3,net_G(1,4).w,net_G(1,4).b,'pad',[2  2  2  2],'stride',[1  1],
'cuDNN');
    G_res1_reluImg_1_1=vl_nnrelu(G_res1_convImg_1_1,[],'leak',0.0);
    G_res1_convImg_1_2=vl_nnconv(G_res1_reluImg_1_1,net_G(1,5).w,net_G(1,5).b,'pad',[2 2 2 2],'stride',[1
1],'cuDNN');
    G_res1_sunImg_1 =(G_res1_convImg_1_2+G_reluImg_3);
    G_res1_reluImg_1_2=vl_nnrelu(G_res1_sunImg_1,[],'leak',0.0);

    G_res1_convImg_2_1=vl_nnconv(G_res1_reluImg_1_2,net_G(1,6).w,net_G(1,6).b,'pad',[2 2 2 2],'stride',[1
1],'cuDNN');
    G_res1_reluImg_2_1=vl_nnrelu(G_res1_convImg_2_1,[],'leak',0.0);
    G_res1_convImg_2_2=vl_nnconv(G_res1_reluImg_2_1,net_G(1,7).w,net_G(1,7).b,'pad',[2 2 2 2],'stride',[1
1],'cuDNN');
    G_res1_sunImg_2 =(G_res1_convImg_2_2+G_res1_sunImg_1);
    G_res1_reluImg_2_2=vl_nnrelu(G_res1_sunImg_2,[],'leak',0.0);

    G_res1_convImg_3_1=vl_nnconv(G_res1_reluImg_2_2,net_G(1,8).w,net_G(1,8).b,'pad',[2 2 2 2],'stride',[1
```

```
1],'cuDNN');
    G_res1_reluImg_3_1=vl_nnrelu(G_res1_convImg_3_1,[],'leak',0.0);
    G_res1_convImg_3_2=vl_nnconv(G_res1_reluImg_3_1,net_G(1,9).w,net_G(1,9).b,'pad',[2 2 2 2],'stride',[1
1],'cuDNN');
    G_res1_sunImg_3 =(G_res1_convImg_3_2+G_res1_sunImg_2);
    G_res1_reluImg_3_2=vl_nnrelu(G_res1_sunImg_3,[],'leak',0.0);

    G_res1_convImg_4_1=vl_nnconv(G_res1_reluImg_3_2,net_G(1,10).w,net_G(1,10).b,'pad',[2   2   2   2],
'stride',[1 1],'cuDNN');
    G_res1_reluImg_4_1=vl_nnrelu(G_res1_convImg_4_1,[],'leak',0.0);
    G_res1_convImg_4_2=vl_nnconv(G_res1_reluImg_4_1,net_G(1,11).w,net_G(1,11).b,'pad',[2   2   2   2],
'stride',[1 1],'cuDNN');
    G_res1_sunImg_4 =(G_res1_convImg_4_2+G_res1_sunImg_3);
    G_res1_reluImg_4_2=vl_nnrelu(G_res1_sunImg_4,[],'leak',0.0);

    G_res1_convImg_5_1=vl_nnconv(G_res1_reluImg_4_2,net_G(1,12).w,net_G(1,12).b,'pad',[2   2   2   2],
'stride',[1 1],'cuDNN');
    G_res1_reluImg_5_1=vl_nnrelu(G_res1_convImg_5_1,[],'leak',0.0);
    G_res1_convImg_5_2=vl_nnconv(G_res1_reluImg_5_1,net_G(1,13).w,net_G(1,13).b,'pad',[2   2   2   2],
'stride',[1 1],'cuDNN');
    G_res1_sunImg_5 =(G_res1_convImg_5_2+G_res1_sunImg_4);
    G_res1_reluImg_5_2=vl_nnrelu(G_res1_sunImg_5,[],'leak',0.0);

    G_convImg_4=vl_nnconv(G_res1_reluImg_5_2,net_G(1,14).w,net_G(1,14).b,'pad',[2 2 2 2],'stride',[1  1],
'cuDNN');
    G_reluImg_4=vl_nnrelu(G_convImg_4,[],'leak',0.0);

    G_convImg_5=vl_nnconv(G_reluImg_4,net_G(1,15).w,net_G(1,15).b,'pad',[2 2 2 2],'stride',[1 1],'cuDNN');
    G_reluImg_5=vl_nnrelu(G_convImg_5,[],'leak',0.0);

    G_convImg_6=vl_nnconv(G_reluImg_5,net_G(1,16).w,net_G(1,16).b,'pad',[2 2 2 2],'stride',[1 1],'cuDNN');

% 第二个尺度
    de_deconv=vl_nnconvt(G_convImg_6,net_G(1,17).w,net_G(1,17).b,'upsample',[2  2],'crop',[1  1  1  1],
'numGroups',1,'cuDNN');
    G_concatImg_12=vl_nnconcat({de_deconv,blurImg},3);
    G_concatImg_2=vl_nnconcat({G_concatImg_12,G_softImg_1},3);

    G_convImg2_1=vl_nnconv(G_concatImg_2,net_G(1,18).w,net_G(1,18).b,'pad',[5  5  5  5],'stride',[1  1],
'cuDNN');
    G_reluImg2_1=vl_nnrelu(G_convImg2_1,[],'leak',0.0);
    G_convImg2_2=vl_nnconv(G_reluImg2_1,net_G(1,19).w,net_G(1,19).b,'pad',[2   2   2   2],'stride',[1   1],
'cuDNN');
```

```
    G_reluImg2_2=vl_nnrelu(G_convImg2_2,[],'leak',0.0);
    G_convImg2_3=vl_nnconv(G_reluImg2_2,net_G(1,20).w,net_G(1,20).b,'pad',[2  2  2  2],'stride',[1  1],
'cuDNN');
    G_reluImg2_3=vl_nnrelu(G_convImg2_3,[],'leak',0.0);

    G_res2_convImg_1_1=vl_nnconv(G_reluImg2_3,net_G(1,21).w,net_G(1,21).b,'pad',[2 2 2 2],'stride',[1 1],
'cuDNN');
    G_res2_reluImg_1_1=vl_nnrelu(G_res2_convImg_1_1,[],'leak',0.0);
    G_res2_convImg_1_2=vl_nnconv(G_res2_reluImg_1_1,net_G(1,22).w,net_G(1,22).b,'pad',[2  2  2  2],
'stride',[1 1],'cuDNN');
    G_res2_sunImg_1 =(G_res2_convImg_1_2+G_reluImg2_3);
    G_res2_reluImg_1_2=vl_nnrelu(G_res2_sunImg_1,[],'leak',0.0);

    G_res2_convImg_2_1=vl_nnconv(G_res2_reluImg_1_2,net_G(1,23).w,net_G(1,23).b,'pad',[2  2  2  2],
'stride',[1 1],'cuDNN');
    G_res2_reluImg_2_1=vl_nnrelu(G_res2_convImg_2_1,[],'leak',0.0);
    G_res2_convImg_2_2=vl_nnconv(G_res2_reluImg_2_1,net_G(1,24).w,net_G(1,24).b,'pad',[2  2  2  2],
'stride',[1 1],'cuDNN');
    G_res2_sunImg_2 =(G_res2_convImg_2_2+G_res2_sunImg_1);
    G_res2_reluImg_2_2=vl_nnrelu(G_res2_sunImg_2,[],'leak',0.0);

    G_res2_convImg_3_1=vl_nnconv(G_res2_reluImg_2_2,net_G(1,25).w,net_G(1,25).b,'pad',[2  2  2  2],
'stride',[1 1],'cuDNN');
    G_res2_reluImg_3_1=vl_nnrelu(G_res2_convImg_3_1,[],'leak',0.0);
    G_res2_convImg_3_2=vl_nnconv(G_res2_reluImg_3_1,net_G(1,26).w,net_G(1,26).b,'pad',[2  2  2  2],
'stride',[1 1],'cuDNN');
    G_res2_sunImg_3 =(G_res2_convImg_3_2+G_res2_sunImg_2);
    G_res2_reluImg_3_2=vl_nnrelu(G_res2_sunImg_3,[],'leak',0.0);

    G_res2_convImg_4_1=vl_nnconv(G_res2_reluImg_3_2,net_G(1,27).w,net_G(1,27).b,'pad',[2  2  2  2],
'stride',[1 1],'cuDNN');
    G_res2_reluImg_4_1=vl_nnrelu(G_res2_convImg_4_1,[],'leak',0.0);
    G_res2_convImg_4_2=vl_nnconv(G_res2_reluImg_4_1,net_G(1,28).w,net_G(1,28).b,'pad',[2  2  2  2],
'stride',[1 1],'cuDNN');
    G_res2_sunImg_4 =(G_res2_convImg_4_2+G_res2_sunImg_3);
    G_res2_reluImg_4_2=vl_nnrelu(G_res2_sunImg_4,[],'leak',0.0);

    G_res2_convImg_5_1=vl_nnconv(G_res2_reluImg_4_2,net_G(1,29).w,net_G(1,29).b,'pad',[2  2  2  2],
'stride',[1 1],'cuDNN');
    G_res2_reluImg_5_1=vl_nnrelu(G_res2_convImg_5_1,[],'leak',0.0);
    G_res2_convImg_5_2=vl_nnconv(G_res2_reluImg_5_1,net_G(1,30).w,net_G(1,30).b,'pad',[2  2  2  2],
'stride',[1 1],'cuDNN');
    G_res2_sunImg_5 =(G_res2_convImg_5_2+G_res2_sunImg_4);
```

```
G_res2_reluImg_5_2=vl_nnrelu(G_res2_sunImg_5,[],'leak',0.0);

G_2convImg_4=vl_nnconv(G_res2_reluImg_5_2,net_G(1,31).w,net_G(1,31).b,'pad',[2 2 2 2],'stride',[1 1],
'cuDNN');
G_2reluImg_4=vl_nnrelu(G_2convImg_4,[],'leak',0.0);
G_2convImg_5=vl_nnconv(G_2reluImg_4,net_G(1,32).w,net_G(1,32).b,'pad',[2  2  2  2],'stride',[1  1],
'cuDNN');
G_2reluImg_5=vl_nnrelu(G_2convImg_5,[],'leak',0.0);
G_2convImg_6=vl_nnconv(G_2reluImg_5,net_G(1,33).w,net_G(1,33).b,'pad',[2  2  2  2],'stride',[1  1],
'cuDNN');

outIm=gather(G_2convImg_6);
end
```

下面给出几组典型的人脸图像去模糊效果样例，如图 8.32 所示。

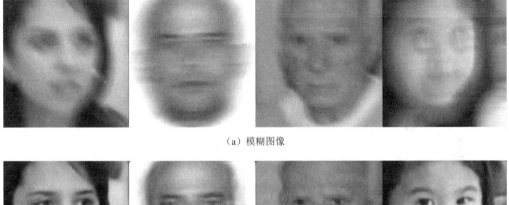

（a）模糊图像

（b）去模糊图像

图 8.32　几组典型的人脸图像去模糊效果样例

本章小结

本章介绍了数字图像处理在工程应用中的 3 个案例。

1. 医学图像处理平台的设计

综合运用数字图像处理、GUI 设计、图像分析、计算机视觉等多种技术，利用 MATLAB GUI 搭建具有交互式功能的图像处理平台，用于医学图像的处理。平台主要分为五大功能模块：底层处理模块、加载噪声模块、图像去噪模块、图像分割模块和图像三维重建模块。

2．雾霾场景下基于 Retinex 的图像去雾

图像去雾的目的是从退化图像中去除来自天气因素的干扰，增强图像的清晰度、颜色饱和度，从而最大限度地恢复图像的有用特征，使得图像可以更好地应用于安防监控、智能交通、遥感观测、自动驾驶等诸多领域。本案例主要介绍雾霾场景下基于 Retinex 的图像去雾增强方法及其 MATLAB 实现。

3．结合语义特征的人脸图像去模糊

人脸图像去模糊在视频监控、人脸识别等领域有着广泛的应用。人脸图像具有高度的结构性和面部部件（如眼睛、鼻子和嘴）的一致性，这些语义信息能为图像复原提供有力的先验。本案例介绍了一种结合语义特征的人脸图像去模糊方法，用于复原图像，使其具有更准确的面部特征和细节。

参考文献

[1] GONZALEZ R C，WOODS R E，EDDINS S L．数字图像处理的 MATLAB 实现[M]．阮秋琦，译．2 版．北京：清华大学出版社，2013．

[2] 蔡利梅，王利娟．数字图像处理——使用 MATLAB 分析与实现[M]．北京：清华大学出版社，2019．

[3] 胡学龙．数字图像处理[M]．4 版．北京：电子工业出版社，2020．

[4] 王慧琴，王燕妮．数字图像处理与应用（MATLAB 版）[M]．北京：人民邮电出版社，2019．

[5] GONZALEZ R C，WOODS R E．数字图像处理[M]．阮秋琪，阮宇智，译．2 版．北京：电子工业出版社，2003．

[6] CASTLEMAN K R．数字图像处理[M]．朱志刚，林志闇，石定机，等，译．北京：电子工业出版社，2002．

[7] 曹茂永．数字图像处理[M]．北京：北京大学出版社，2007．

[8] 张长江．数字图像处理及其应用[M]．北京：清华大学出版社，2013．

[9] 李爽，李杰．MATLAB 数字图像处理简明教程[M]．北京：化学工业出版社，2018．

[10] 杨杰，黄朝兵．数字图像处理及 MATLAB 实现[M]．3 版．北京：电子工业出版社，2019．

[11] 章毓晋．图像工程[M]．4 版．北京：清华大学出版社，2006．

[12] KOSCHAN A，ABIDI M．彩色数字图像处理[M]．章毓晋，译．北京：清华大学出版社，2010．

[13] 陈刚，魏晗，高豪林，等．MATLAB 在数字图像处理中的应用[M]．北京：清华大学出版社，2016．

[14] 刘直芳，王运琼，朱敏．数字图像处理与分析[M]．北京：清华大学出版社，2006．

[15] 姚庆栋，毕厚杰，王兆华，等．图像编码基础[M]．3 版．北京：清华大学出版社，2006．

[16] 赵小川．MATLAB 图像处理——能力提高与应用案例[M]．2 版．北京：北京航空航天大学出版社，2019．

[17] 汲斌斌．数字图像修复技术应用于文物领域的研究[J]．文物鉴定与鉴赏，2015（05）：100-101．

[18] 阮秋琦. 数字图像处理学[M]. 3 版. 北京：电子工业出版社，2013.

[19] 张广渊. 数字图像处理（OpenCV3 实现）[M]. 北京：中国水利水电出版社，2019.

[20] 程远航. 数字图像处理基础及应用[M]. 北京：清华大学出版社，2018.

[21] 于万波. 基于 MATLAB 的图像处理[M]. 2 版. 北京：清华大学出版社，2011.

[22] 章毓晋. 图像处理和分析教程[M]. 2 版. 北京：人民邮电出版社，2016.

[23] SHEN Z，LAI W S，XU T，et al. Exploiting semantics for face image deblurring[J]. International Journal of Computer Vision， 2020，128（7）：1829-1846.

[24] 赵小川，何灏，吴军，等. 数字图像处理高级应用——基于 MATLAB 与 CUDA 的实现[M]. 北京：清华大学出版社，2015.